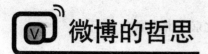
微博的哲思

阿德勒自卑的跨越
ADELEZIBEIDEKUAYUE

编著 张小梅

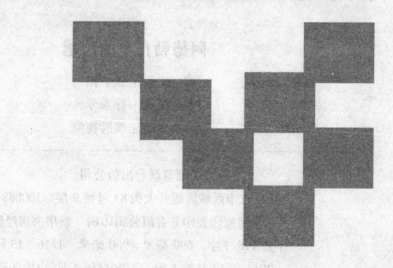

北京联合出版公司

图书在版编目(CIP)数据

阿德勒自卑的跨越 / 张小梅编著. -- 北京：北京联合
出版公司, 2014.12
（微博的哲思）
ISBN 978 - 7 - 5502 - 4282 - 1

Ⅰ. ①阿… Ⅱ. ①张… Ⅲ. ①阿德勒, A. (1870～1937) – 人格
心理学 – 通俗读物 Ⅳ. ①B848 – 49

中国版本图书馆 CIP 数据核字(2014)第 294819 号

阿德勒自卑的跨越

编 著：张小梅
责任编辑：徐秀琴
封面设计：揽胜视觉

北京联合出版公司
（北京市西城区德外大街 83 号楼 9 层 100088）
北京海德伟业印务有限公司印刷 新华书店经销
字数 198 千字 690 毫米×960 毫米 1/16 13 印张
2014 年 12 月第 1 版 2015年 5 月第1次印刷
ISBN 978 - 7 - 5502 - 4282 - 1
定价:26.80 元

前　言

　　奥地利心理学家阿弗雷德·阿德勒（著有《超越自卑》、《个体心理学的实践与理论》、《理解人性》等）对自卑心理有着深刻的研究。

　　阿德勒1870年出生于维也纳郊区一个中产阶级犹太人家庭，但富裕的家庭条件并没有给他带来快乐的童年。在他的记忆中，他的童年生活是不幸与多灾多难的。他自己曾说他的童年生活笼罩着对死的恐惧和对自己的虚弱而感到的愤怒。

　　阿德勒认为与生俱来的自卑感激起了奋发而起的愿望。他说，我们在童年得到自卑的情感，然后我们建立起一种生活方式以补偿这种情感并成为命运的主人。生活方式包括我们对自己和世界的看法，以及追求生活目标时所采取的独特行动。

　　阿德勒的一生，是充满了与自卑抗争的成功的一生，他坚信自卑感自人一出生便如影随形。因此，通过自身的寻求优越与对他人的观察，阿德勒为人类自卑心理学研究做出了重大的贡献。

　　本书紧随时代潮流，采用互联网微博经典形式，展开对阿德勒超越自卑的探讨。本书从六大方面19个点，并附以通俗易懂的社会案例，将如何走出自卑的建议呈阅纸上。书中采用了阿德勒的经典名言，加以适当的解析，文章的最后更有广大网友对生活的见解之语，使读者对人生的概念以及克服自卑心理的方法有更加深刻的认识。

　　人的一生不能说漫长也不能说太短，但真正对人产生深刻影响的关键时期就那么几个，其中童年经历的影响尤深。心理科学的研究已证实，不少心理问题都可在早期生活中找到症结，自卑作为一种消极的心态也不例外。每个人总是以他人为镜来认识自己，如果他人对自己的评价过低，特别是较有权威的人的评价，就会影响对自己的认识，从而过低评价自己，产生自卑心理。对自我形象不认同，觉得自己长得不好。或者是对自己的能力怀疑，进入大学后的优越感降低甚至没有了，自己没有赢得别人尊重的本钱，于是产生了极强的失落感，原有的优越感一下子就成了自卑感。

常言说："金无足赤，人无完人。"每个人都有自己的弱点和优点，我们应该充分认识到自己的缺点，但也不能忽视自己的优点。这样就能正确地与人比较，在看到自己不如人之处时，也能看到自己如人之处或过人之处。

目 录

超越自卑，要学会品味生活

承担责任

> "我们是为什么而活？生活的意义是什么？"人们只有在遭受到
> 挫折的时候，才会发出这样的疑问，假使每件事都平淡无奇，在他们
> 面前没有困难的阻碍，那么这个问题便不会被诉之于神明。
>
> ——阿德勒《阿德勒的智慧》

世界上最愚蠢的事情就是推卸责任，因为这样做并不能把责任推得一干二净。

约翰是一家公司销售分公司的经理，他公司的产品在与他负责的区域接壤的地方发生了一起严重的质量事故。按规定，这种情况不应该由他处理，但负责那家分公司的经理陪同老总出国考察去了。约翰明白，按照惯例，这种情况必须由他出马，在第一时间赶到现场处理。但是，基于对出事区域风土人情的了解和处理同样事故的经验，约翰知道他面临的将是一项非常棘手的工作，一不小心就会引火上身。于是，在总公司给他下指示之前，约翰以身体不舒服为由，向公司告假。

总公司下达指示时，助理接完电话向约翰汇报，约翰以身体不适为由，让助理赶去处理。助理欠缺经验，使麻烦升级，陷入僵局，总公司不得不另外派人去处理。最后，风波虽然得到了平息，但公司却付出了很大的代价。

事后，总公司追究责任。经过调查发现，如果约翰在第一时间赶到现场处理的话，就不会造成这么大的损失。但是约翰却以自己告假为由，称自己并不知道这件事的具体情况，一切都是助理自作主张，带领一帮人去处理的。虽然约翰把责任推到了助理身上，但总公司还是对约翰的工作态度和人品产生了怀疑，害怕他今后继续要弄这种伎俩，影响分公司的团结和业务的开展，过了一段时间，总公司找了一个合适的机会就将他解聘了。

寻找借口虽然可以推卸一时责任，但却因影响了执行而给他人留下了不好的印象。

在工作中，员工与其为自己的失职找理由，倒不如大大方方承认自己的失

职，上司会因为你能勇于承担责任而不责难你；相反，敷衍塞责，推诿责任，找借口为自己开脱，不但不会得到别人的理解，反而会适得其反，让别人觉得你不但缺乏责任感，而且还缺乏诚意。

泰勒是一家大型汽车制造公司的车间经理，手下有100多名安装技工。有一次，他带着几名员工安装一辆高级小轿车。安装完毕，恰逢总裁和他的几个朋友到车间巡视，其中有一位发现了这辆小轿车安装上的失误，因为总裁在场，泰勒担心自己挨训，就把责任推给了下属。总裁一看他这种做法，勃然大怒，当着全车间的人，把他训斥了一顿。

因为这件事，下属为他的行为感到耻辱，在内心深处开始鄙视他的为人，并对他失去了信任感。在工作过程中，下属有意识地排斥他，而公司高级管理层也对他有成见。他的工作再也不能顺利展开，车间安装成绩直线下滑，他也因此被公司降职。

每个人都应该勇敢地去承担那些属于自己的责任，遇到问题要敢于面对，勇于解决，不要给自己找任何借口。无论当前的问题会产生多么严重的后果，我们都应该为自己的决定负责，心平气和地去接受所有的结果。

里根是美国第49、50届的连任总统，2004年，里根当选《时代周刊》评选的美国历史上最伟大的5位总统之一。

有记者问里根："你为什么能当总统，而且当得还挺好？"

里根没有正面回答，而是讲了自己11岁时发生的一件事：1920年的一天，他在踢足球时不小心踢碎了邻居家的玻璃窗，邻居向他索赔12.5美元。在当时这是笔不小的数目，足足可以买125只生蛋的母鸡！闯了大祸的里根向父亲承认了错误，父亲让他对自己的过失负责。

可里根没钱，他为难地说："我哪有那么多钱赔人家？"

父亲拿出12.5美元说："这钱可以借给你，但一年后要还我。"

从此，里根开始了艰难的打工生活。经过半年的努力，终于挣够了12.5美元这一"天文数字"，还给了父亲。

里根说："通过自己的劳动来承担过失，使我懂得了什么叫责任。人要对自己的过失负责；总统要敢于对这个国家的过失负责。"

权力与责任是成正比的，能够担多大责任就能够拥有多大的权力。无论你所从事的是什么样的工作，只要你认真勇敢地担负起责任，你所做的就是有价值的，你就会获得尊重和崇敬。

有一家大型跨国公司，对采购部门的资金控制非常严格，并制定了一条硬性的采购制度，不可透支账户上的存款余额。也就是说，如果账户上没有资金，总公司就不会再拨款给分公司采购产品，直到分公司的财务重新把账户补满。这种情况往往要到下一个采购季节才能得以缓解。

纳什是这家公司的亚洲部采购主管，有一次，他听信部门经理助理的建议，大量采购了新加坡的一种产品，花掉了账户上的采购资金。就在采购完成后没多久，纳什接到了部门经理的电话，要求他采购一批韩国企业生产的新式提包，这种款式的提包在欧洲市场上很受欢迎，公司建议分公司也采购一部分。

这让纳什措手不及，经理的指令必须执行，但是采购资金已经被透支了。没有资金，他用什么采购？于是他想向经理说明情况。这时，一位同事向纳什建议："不如你把责任推到经理助理身上，反正是他的建议。"

纳什拒绝了这个建议。纳什知道，采购物品的选择是自己的事，虽然是经理助理的建议让他透支了采购资金，但毕竟是他最终做的决定。于是，纳什如实汇报了采购新加坡产品的事情，并坦率地承认是自己的失误，并申请追加拨款，采购韩国提包。

听到这个消息，部门经理尽管很生气，但他很敬佩纳什及时弥补错误的做法，所以设法给纳什拨了一笔款项。那种新加坡产品和韩国提包推向市场后，产生了很好的反响，销售异常火暴。很快，纳什收到了总公司的表扬信。

事实上，只有那些能够勇于承担责任的人，才有可能被赋予更多的使命，才有资格获得更大的荣誉。在任何一个公司，责任是员工生存的根基。因此，是否勇于承担责任正是优秀员工与一般员工的区别所在。

"机会"总是藏在"责任"的深处，拥抱责任的人，实际是在抓住机会；逃避责任的人，看似世事通达，实际是在放弃机会。只有聪明的人，才能够看到机会究竟藏在哪里。

责任和机会是成正比的。没有责任就没有机会，责任越大机会越多，责任越小机会越少。因为机会从来不是独来独往，它要么牵着责任的手，要么和责任合二为一。所以，拥抱责任就是拥抱机会。

现实中，很多人都胸怀梦想，这是件好事情。但我们还需要明白，梦想只有在脚踏实地的工作中才能得以实现。许多浮躁的人曾经也都有过梦想，但始终无法实现，最后只剩下牢骚和抱怨，他们把这归因于缺少机会。

当你觉得自己缺少机会或职业道路不顺畅时，不要抱怨他人，而应该问问自己是否承担了责任。

在一次与朋友的聚会中，汤姆情绪激愤地对朋友抱怨老板长期以来不肯给他机会。他说："我已经在公司的底层挣扎了15年了，仍时刻面临着失业的危险。15年，我从一个朝气蓬勃的青年人熬成了中年人，难道我对公司还不够忠诚吗？为什么他就是不肯给我机会呢？"

"那你自己为什么不去争取呢？"朋友疑惑不解地问。

"我当然争取过，但是争取来的却不是我想要的机会，而这只会使我的生活和工作变得更加糟糕。"他依旧愤愤不平。

"能跟我说说到底是怎么回事吗？"

"当然可以！前些日子，公司派我去海外营业部，但是像我这样的年纪，这种体质，怎能经受如此的折腾呢？"

"这难道不是你梦寐以求的机会吗？你怎么会认为这是一种折腾呢？"

"难道你没看出来？"汤姆大叫起来，"公司本部有那么多的职位，为什么要派我去那么遥远的地方，远离故乡、亲人、朋友？这可是我生活的重心呀！再说我的身体也不允许呀！我有心脏病，这一点公司里所有人都知道。怎么可以派一个有心脏病的人去做那种'开荒牛'的工作呢？又脏又累，任务繁重而没有前途……"他仍旧絮絮叨叨地罗列着他根本不能去海外营业部的种种理由！

他的朋友沉默了，他终于明白为什么15年来汤姆仍没有获得他想要的机会，他还由此断定，在以后的工作中，汤姆仍然无法获得他想要的机会，也许终其一生，他也只能等待和抱怨。

成功者不善于也不需要编织任何借口，因为他们能为自己的行为和目标负责，也能享受自己努力的成果。缺少机会，则往往是不愿意付出努力的人用来原谅自己的借口。

在极其平凡的职业中，在极其低微的岗位上，也时常蕴藏着巨大的机会。只要调动自己全部的智力，全力以赴；只要勤勤恳恳地把自己的工作做得比别人更完美，就能发现机遇，推开通往成功的大门。

承担责任需要有宽阔的胸怀，在很多时候，承担责任无异于承担风险，有时甚至要蒙受委屈。承担责任需要有顾全大局的"弃我"精神做支撑，只要是为了整个团队的利益，勇敢地承担责任，解决了难题，化解了危机，你自然就为自己创造出了晋升的机会。

一家生物制药公司的总经理曾抱怨说："我们公司有些员工在工作时只想

着如何做才会不让自己吃亏，凡事对自己有利就去做，稍微有些风险就害怕承担责任。"

这位总经理为何这么说呢？原来他确实是有感而发。不久前，公司研发部根据计划准备开发一种新药，可是后来做了几次初步的试验后发现存在一定的风险，眼看年底快到了，为了避免可能的研发失败而影响年终绩效考核和奖金，以及可能要承担的风险责任，研发部就打了份报告上来，说了一大堆理由硬是取消了这个计划，其实这个计划是很值得做下去的。

我们必须深刻地认识到，责任并非许多人认为的麻烦事，更不是强加在我们身上的包袱，而是通向成功的阶梯。逃避责任的人，看似省得一时之事，却拒绝了发展，更远离了成功。

责任向来都是与机会携手而行，它们是成正比的关系，没有责任就没有机会，责任越大机会就越多。一个人承担的责任越多、越大，证明他的价值就越大。任何一个老板都清楚，能够勇于承担责任的员工，能够真正负责任的员工对于企业的意义有多大。

一家公司有三个大分厂，一分厂历来管理基础较好，但规模也较其他两个分厂小一些。一分厂的厂长姓石，正是在他的一手经营下，一分厂才有了良好的管理。

后来，董事长决定调石厂长到三分厂担任厂长。

三分厂是公司规模最大、设备最先进，管理却最混乱的一个厂。之前已经有好几个厂长去了那里，然而却都无功而返。因此，得知调动消息时，石厂长很矛盾：不去吧，董事长可能不高兴；去吧，一旦搞砸了，想再回一分厂都不行了。而且，由于多年管理一分厂，一切工作运转程序早就规范了，管理起来早已得心应手。

思量再三，石厂长还是答应调往三分厂，因为他意识到搞好三分厂这一重要责任的后面，隐藏着巨大的机会：如果搞好了，就可以进一步证明自己的能力，就可以从所有分厂厂长中脱颖而出！

半年多时间过去了，原来最混乱、生产能力最低的三分厂，一跃成为整个公司的生产管理标杆，各项指标均占据首位。

可想而知，石厂长的这一决定的确成就了他在所有分厂厂长中脱颖而出的想法。

责任就是机会，承担起责任的人，不一定会马上得到回报，但总会得到应有的回报，此后，董事长决定把三分厂的经营管理权下放给石厂长，并给他年薪40

万元。

而他原来的工资，每月只有5000元！

石厂长不惧怕担当责任，为自己赢得了成功的机会。

只有认清自己的责任，才能知道该如何承担责任；认清自己的责任，还有一点好处就是，能减少对责任的推诿。

钟杰是某公司的财务总监。有一次，他下属的财务部在计算客户返利时，多记了8万元，而这8万元肯定是收不回来了。老板知道这事后很生气，他把钟杰叫到办公室。

"你手下的人出了这样的问题，这么长时间，你竟然没有发现？"老板问道。

"这些返利通常是由营销部报到财务部，财务部签了字之后我再签，我事情太多，当时没有看清楚。"钟杰说。

"没有看清楚？难道你的事情比我还多吗？"老板没好气地说。老板把钟杰叫来问话，实际上也并不是要钟杰承担造成损失的责任，只是给他敲敲警钟，不要让类似的事情再发生，钟杰却以事情多为借口推卸责任，首先从态度上就没有过关，令老板非常失望。

钟杰意识到话没说对，赶紧表示立即处理，但他说出来的话更糟糕："我立即去处罚财务部经理。"

"处罚财务部经理？"老板终于愤怒了，"难道你认为自己就没有责任？难道你认为处罚就能够解决问题？我本来不想处罚任何人，但我现在觉得你才最该受到处罚，你的责任意识差到让人极度失望的地步了！这事应该由你负全部责任！"

作为财务总监，财务部出了问题，财务总监是有责任的。钟杰没有弄清楚自己的岗位职责，一直在找借口为自己开脱，甚至还拿下属来垫背，这是让老板愤怒的根本原因。

身为职业经理人，对上要承担起属于自己所管辖系统的全部责任，对下则要勇于替下属扛起责任。只有这样，上级才会信任你，下属也才会追随你，进而主动站出来承担起属于他们自己的责任。逃避责任的职业经理人，上级无法放心，因为他们不知道以后还会不会出问题；下级则没有安全感，因为他们不知道下一回你还会不会拉他们做替死鬼。

当工作中出现问题时，一些当事人竞相推卸责任，是因为不清楚自己的责任造成的。然而还有一些人是故意模糊责任，甚至混淆责任，为自己推卸责任制造借口。

其实，解决这个问题很简单：首先要明确一点，自己应该承担责任，而不是寻找借口开脱；其次是弄清楚自己的责任，这样你才知道自己能不能承担起这份责任，如果不能，就要尽早提出来，以免因为自己能力不足给单位或团队造成巨大损失。

明确责任才会更好地承担责任，明确责任才不会找借口推卸责任，明确责任才能让借口无处藏身。

常言道，"智者千虑，必有一失"。一个人再聪明、再能干，也总有失误的时候。出现了失误，当务之急是什么？是急于解释失误的原因，说这不是自己的错，还是赶紧弥补失误，亡羊补牢，将事情引向成功？

我们都知道正确的答案是后者，可是在实际工作中，很多人总是喜欢一再解释，喜欢为自己的失职辩解。

有些人在工作中出现错误时，就会找出一大堆借口来为自己辩解，并且说起来振振有词，头头是道。比如"交货迟延，这完全是企管部门的不好"，"质量不佳，这都要怪质检部门工作的疏忽，与我没有关系"，"我的工作都是按公司的要求去做的，错不在我"，等等。你认为找借口为自己辩护，就能把自己的错误掩盖，把责任推个干干净净，但事实并非如此。也许老板会原谅你一次，但他心中一定会感到不快，对你产生不好的印象。你为自己辩护、开脱，不但不能改善现状，所产生的负面影响还会让情况更加恶化。

有一个毕业于名牌大学的工程师，有学识，有经验，但犯错后总是找各种借口自我辩解。工程师应聘到一家工厂工作，厂长对他很信赖，遇事都让他放手去干。结果却是多次失败，而每次失败又都是工程师的错，可工程师总有一条或数条理由为自己辩解，每一次都说得头头是道。因为厂长并不懂技术，常被工程师驳得无言以对。厂长看到工程师不但不肯承认自己的错误，反而推脱责任，心里很是恼火，只好让工程师卷铺盖走人。

当我们犯了错误，习惯性的做法是为自己辩解。其实这样做是很不明智的。如果能够主动承认错误，那么你获得别人谅解的机会反而大大增加，那时你的错误也就变得不那么重要了。

日本的零售业巨头大荣公司里曾流传着这样一个故事：

两个很优秀的年轻人毕业后一起进入大荣公司，不久被同时派遣到一家大型连锁店做一线销售员。一天，这家店在清理账目的时候发现所交纳的营业税比以前多了很多，仔细检查后发现，原来是两个年轻人负责的店面将营业额多打了一个零！于是经理把他们叫进了办公室，当经理问到他们具体情况时，两人面面相觑，但账单就在眼前，事实确凿。

一阵沉默之后，两个年轻人分别开口了。其中一个解释说自己刚上岗，所以很有些紧张，再加上对公司的财务制度还不是很熟，所以……

而在这时，另一个年轻人却没有多说什么，他只是对经理说，这的确是他们的过失，他愿意用两个月的奖金来补偿，同时他保证以后再也不会犯同样的错误。

走出经理办公室，开始说话的那个员工对后者说："你也太傻了吧！两个月的奖金，那岂不是白干了？这种事情咱们新手随便找个借口就推脱过去了。"

后者却仅仅是笑了笑，什么都没说。这件事看似就这样过去了，但那以后，公司里有几次培训学习的机会都无一例外地给了那个勇于承担失误的年轻人。另一个年轻人坐不住了，他跑去质问经理为什么这么不公平。经理没有对他做过多的解释，只是对他说："一个事后不愿承担责任的人，是不值得团队信任与培养的。"

郭恒由打杂工步步高升，逐渐成为一家建筑公司的工程估价部主任，专门估算各项工程所需的价款。有一次，他的一项结算被一个核算员发现估算错了2万元，老板便把他找来，指出他算错的地方，请他拿回去更正，并希望他以后在工作中细心一点。郭恒不肯认错，也不愿接受批评，反而大发雷霆。他说："那个核算员没有权利复核我的估算，没有权利越级报告。"

老板问他："你的错误是确实存在的，是不是？"

郭恒说："是的。"

老板见他既不肯接受批评，又认识不到自己的错误，本想发作一番，但念及他平时工作成绩不错，便和蔼地对他说："这次就算了，以后要注意了。"

不久，郭恒又有一个估算项目被查出了错误。老板把他找来，一提到他的错误，郭恒就立刻翻脸，反驳老板说："好了，好了，不用啰唆了。我知道你还因为上次那件事对我有成见，现在特地请了专家查我的错误，借机报复。可是我想你一定不会得逞，这次我的估算不会有错。错的，一定是你和那个混蛋专家。"

老板等他发泄完了，便冷冷地说："既然如此，你不妨自己去请别的专家来帮你核算一下，看看你究竟错了没有。"

郭恒果然请别的专家核算了一下，发现自己确实错了。

老板非常恼火地对郭恒说："现在我只好请你另谋高就了，我们不能让一个不许大家指出他的错误、不肯接受别人批评的人，来损害我们公司的利益。"

自己犯了错却责备他人，这是与同事相处的大忌。最受企业欢迎的员工应该敢作敢当，敢于承认错误，而不是找各种各样的借口推卸责任的人。

人们都有一个大弱点，喜欢为自己辩护，为自己开脱，真正做到知过能改并不容易。一般人都做不到这一点，首要原因可能是虚荣心在作祟。一向认为自己各方面的能力都不错，很少有失误发生，久而久之，自然养成了"一贯正确"的意识。一旦真的出现过错，则在心理上难以接受。出于对面子的维护，人们会找理由开脱，或者干脆将过错掩盖起来。

另外的原因是怕影响自己在他人心中的威信及信任。其实，如果是作为下级，敢于正视自己的过错，可能会更加得到领导的赏识与信任；如果作为上级，丝毫不掩饰自己的过错也会使下属对自己更加敬重，从而提高自己的威信。

勇于认错不仅是一个人应具备的素质，也是一种难能可贵的品德。看看被誉为日本经营之神的松下幸之助是如何面对自己的过错的。

一次，一位下属因经验欠缺而使一笔货款难以收回，松下幸之助勃然大怒，在大会上狠狠地批评了这位下属。

气消之后，松下为自己的过激行为深感不安，因为那笔货款发放单上自己也签了字，下属只是没把好审核关而已。既然自己也应负一定的责任，那么，就不应该这么严厉地批评下属。想通之后，他马上打电话向那位下属诚恳地道歉。恰巧那天下属乔迁新居，松下便登门祝贺，还亲自为下属搬家具，忙得满头大汗，令下属深受感动。

然而，事情并未就此结束。一年后的这一天，这位下属又收到了松下幸之助的一张明信片，上面还留下他的一行亲笔字：让我们忘掉那可恶的一天吧，重新迎接新一天的到来。看了松下幸之助的亲笔信，该下属感动得热泪盈眶。从此以后，他再也未犯过错，对公司也忠心耿耿。松下幸之助向下属真诚认错成为整个日本企业界的一段佳话。

能坦诚地面对自己的弱点，再拿出足够的勇气去承认它、面对它，不仅能弥补错误所带来的不良结果，在今后的工作中更加谨慎行事，而且别人也会很轻松地原谅你的错误。

有一位知名的企业总裁说过这样的话："我很希望我的下属都有承认错误的勇气。没有人不犯错，包括我自己在内。我不会因为谁犯了个小错就全盘改变对他的看法。相反，我更看重一个人面对错误的态度。"

有些人认为认错有失自尊，担心认错不但面子上过不去，而且还要承担责任，接受惩罚。但事实恰恰相反，勇于承认错误，你给人的印象不但不会受到影响，反而会使人尊敬你、信任你，你在别人心目中的形象反而会高大起来。

杰克是一家商贸公司的市场部经理。在他任职期间曾犯了一个错误，他没经过仔细调查研究，就批复了一个职员为纽约某公司生产5万部高档相机的报告。等产品生产出来准备报关时，公司才知道那个职员早已被"猎头"公司挖走了，那批货如果一到纽约，就会无影无踪，货款自然也会打水漂。

杰克一时想不出补救对策，一个人在办公室里焦虑不安。这时老板走了进来，看到杰克的脸色非常难看，就想问他是怎么回事。还没等老板开口，杰克就立刻坦诚地向他讲述了一切，并主动认错："这是我的失误，我一定会尽最大努力挽回损失。"

老板被杰克的坦诚和敢于承担责任的勇气打动了，答应了他的请求，并拨出一笔款让他到纽约去考察一番。经过努力，杰克联系好了另一家客户。一个月后，这批照相机以比那个职员在报告上写的还高的价格转让了出去。因为工作努力，杰克得到了老板的嘉奖。

一个人犯了错误并不可怕，怕的是不承认错误，不做出补救措施。

松下幸之助曾说过："偶尔犯了错误无可厚非，但从处理错误的做法，我们可以看清楚一个人。"老板所欣赏的是那些能够正确认识自己错误、及时改正错误并加以补救的员工。

多年前，作为花旗银行的副总裁，里德·卡尔因为建立公司的信用卡分部，使公司损失惨重。他诚恳地向公司承认了错误，并制订了以后的工作计划以弥补错误。经过一番努力，最终度过了危机，使分部转亏为盈。结果他因此大出其名而获得升迁。里德·卡尔的表现引起了上司的注意，在他们眼里，里德是个敢作敢当的人，这个错误不过只是在朝正确目标迈进途中所遇到的小挫折。

有一家生产日化用品的公司，由于厂房地势较低，每年都要经历一至两次的抗洪抢险。有一年夏天，老板出差到广东去，临走时他叮咛几位主要负责人："时刻注意天气预报。"

有一天晚上，远在广东的老板给几位负责人打电话，因为他看到天气预报说有雨，担心厂房被淹。当时，厂房所在地已经下雨了，可能由于天气关系，老板一连打了几个电话，都打不通，最后打到了财务经理的家里，让他立即到公司查看一下。

"好，我马上处理，请放心！"接完电话，财务经理并没有到公司去，他心里想：这事是安全部的事情，不该我这个财务经理去处理，何况我的家离公司还有好长一段路，去一趟也费事。于是，他给安全部经理打了一个电话，提醒他去公司看一下。

安全部经理接到电话时有些不愉快，心里说："我安全部的事情，不需要你来管。"他也没有去公司，当时他正要打麻将，连电话也没有打一个，他心里说："反正有安全科长在，不用管它了。"

安全科长没有接到电话，但他知道下雨了，并且清楚下雨意味着什么，但他认为有好几个保安在厂里，用不着他操心。当时，他正在陪朋友喝酒，甚至把手机也关了。

那几个保安的确在厂里，但是，用于防洪抽水的几台抽水机没有柴油了，他们打电话给安全科长，科长的电话关机，他们也就没有再打，也没有采取其他措施，早早地睡觉去了。值班的那一位睡在值班室里，睡得很香很死，他以为雨不会下很大。

到凌晨两点左右，雨突然大起来，值班保安被雷声吵醒时，水已经漫到床边！他立即给消防队打电话。

消防队虽然来得很及时，但由于通知太晚，6个车间还是被淹了5个，数十吨成品、半成品和原辅材料泡在水中，直接经济损失达300多万元！

事后，追究责任时，每一个人都说自己没有责任。

财务经理说："这不是我的责任，而且我是通知了安全部经理的。"

安全部经理说："这是安全科长的责任。"

安全科长说："保安不该睡觉。"

保安说："本来可以不发生这样的险情，但抽水机没有柴油了，是行政部的责任，他们没有及时买回柴油来。"

行政部经理说："这个月费用预算超支了，我没办法。应该追究财务部责任，他们把预算定得太死。"

财务部经理又说："控制开支是我们的职责，我们何罪之有？"

老板听了，火冒三丈："你们每个人都没有责任，那就是老天爷的责任了！我并不是要你们赔偿损失，我要的是你们的态度，要的是你们对这件事情的反思，要的是不再发生同样的灾难，可你们却只会推卸责任！"

这个事例的确值得人们深思。如果事例中的每一个人都能做到"责任到此，不能再推"，损失绝对不会那么惨重。

对于企业来说，在部门与部门之间、上司与下属之间营造一种没有任何借口的氛围，才有赢的可能。如果部门之间、员工之间什么事情都找借口推来推去"踢皮球"，这样的团队不可能有凝聚力和战斗力。

一家公司出现了严重的效益下滑，在公司例会上，总经理就此事要求各部门的负责人谈谈自己的看法，以寻求解决问题的方案。

营销经理说："最近销售做得不好，我们有一定的责任，但最主要的责任不在我们。竞争对手纷纷推出很多比我们好的新产品，这让我们很不好做，我觉得研发部门需要认真总结一下。"

研发经理说："我们最近推出的新产品是少了些，但我们也有我们的难处啊！我们的预算那么少，而且这点少得可怜的预算，也被财务部门削减了！"

财务经理说："是的，我是削减了你们的预算，但是你要知道，公司的成本在上升，我们当然需要重新考虑一下预算。"

这时，采购经理很生气地说："我们的采购成本是上升了10%，可你们知道为什么吗？俄罗斯的一个生产铬的矿山爆炸了，导致不锈钢价格直线上升。"

哦，原来如此啊！这样说，大家就都没有多少责任了。总经理总结道："看来，我只好去找俄罗斯的矿山了。"

这个故事很具有讽刺意义。如果你是其中的营销经理，那么想一想，销售做得不好，不但没有半点羞愧，还很坦然地把责任都推到别人身上，这样的经理又能在这个职位上再待几天呢？如果一个公司里充斥着这样的经理人，这个公司又能支持几天呢？

有一个著名的企业家说过："职员必须停止把问题推给别人，应该学会运用自己的意志力和责任感，着手行动，处理这些问题，让自己真正承担起自己的责任来。"

在一次订单采集员的座谈会上，有位经理人偶然听到一位订单采集员对日常工作的感慨。那位订单采集员诉说的是一位客户对其投诉的事情：由于这位客户的联系电话出现了临时故障，订单采集员无法及时联系上他。于是，这位心急的客户拨打了该订单采集员所在公司配送部的电话，配送部接电话的工作人员让这位客户拨打客户服务部的电话，客户服务部的工作人员又让客户拨打片区客户经理的联系电话，而这位客户经理却让客户拨打订单采集员的联系电话。由于已经快到了工作流程的收尾时间，而且这种紧俏货源数量有限，根本无法满足这位客户的需要，导致客户对这位订单采集员极为不满。"他进行了强烈的抱怨与投诉！而且还愤愤地说再也不买我们公司的产品了。"订单采集员说。

在这个案例中，导致这种结局的人是谁？仅仅是订单采集员吗？不！是包括配送部、客户服务部以及客户经理在内的所有人员，他们把问题往下一个环节推，既耽误了处理问题的时间，又引起客户的不满。虽然受到批评的人是订单采集员，但实际利益受损的却是公司。明智的老板应该杜绝公司内部发生这种情况。

责任来了，承担起来，这样的员工才是最有价值的人。作为国家的一员，国家的责任就是你的责任；作为企业的一员，企业的责任就是你的责任。责任不分你我，只要它出现在你面前，你就有义务承担。

所以，当我们在工作中遇到困难时，责任心有所倦怠时；当我们试图以种种借口为自己来"踢皮球"时，让这句话来唤醒你沉睡的意识吧：记住，责任到我为止！

> 生活中，我们会同时扮演不同的角色，每一种角色也都会伴随着一份责任而存在。然而这份责任并不是负担，而是一种需要。
>
> ——腾讯网友天煞之风

学会合作

> 生活的意义就在能够对他人发生兴趣，而后与之互助合作。
>
> ——阿德勒《超越自卑》

在儿童时期，就要被积极鼓励与人协作，在日常的生活和游戏中，他们应该被允许以自己的方式做儿童应该去做的事情，如果对这种合作加以妨碍，会导致很严重的后果。比如，那些只对自己感兴趣的被宠坏的孩子，很有可能把对别人的无视带进学校，他之所以对功课感兴趣，是因为他认为这样能换来老师的宠爱，他只愿意听他觉得对自己有利的事情。这样当他接近成年的时候，缺乏的社会性会对他越来越不利，他在这种毛病开始养成的时候，他不再为自己没有责任感和独立性而重新训练自己，他本身具备的素质已经没有能力去应付生活中的残酷考验。

　　小明4岁生日这天，爸爸给他买了一个新型的玩具汽车，邻居家的小亮大小明一岁，得知后想和他一起玩，一次次地与小明商量，但是小明始终抱着玩具车不放手。无奈，小亮生气地说："那我以后再也不跟你玩了。"说完转身便要回家。这时小明感到如果不和小亮一起玩，以后自己会很孤独，于是说："我给你玩还不行吗？"小明很不情愿地把玩具拿给了小亮。小明妈妈看到后，就鼓励小明和小亮一起玩游戏。在两个人玩得很开心的时候，不失时机地问小明："和小亮一起玩很开心吧？"小明点了点头，妈妈进一步说："有好东西应该和别的小朋友一起分享，这样别的小朋友也会把自己的好东西给你玩的。"

　　有一个老员外，家里有10个儿子，这10个儿子虽然对父亲很孝顺，但相互之间不团结，经常争吵打架，为此老员外很生气。一天老员外把10个儿子叫到一起，给他们每人一根筷子，让他们撅，儿子们很轻松地把筷子撅断了。老员外又给他们每人10根筷子，让他将10根筷子绑在一起撅，这次儿子们费了很大劲也没有办法将10根筷子一起撅断。老员外让儿子们想一想其中的道理，儿子们不知父亲的用意，老员外告诉儿子们："你们10个人就如同这10根筷子，如果你们不团结，各顾各的，就像这10根筷子中的任何一根一样很容易被撅断。如果你们团结起来，就像是10根筷子绑在一起，没有人那么容易折断它们。"

　　这是一个很老的故事了，但它的寓意却一点也不老。家长应该用它暗含的深刻道理让子女明白，团结合作在21世纪这个充满竞争的时代是一种比知识更重要的能力，是一种体现个人品质与风采的素质。

　　案例中小明的妈妈鼓励小明学会分享，并让他体会到与人分享的快乐；故事中的老员外用生动的例子教育儿子要学会互相团结。虽然两个人处于不同的年代，但是他们在教育孩子时都很重视一个道理，那就是人不是独自生存在这个世界的，孩子必须学会与他人分享、与他人合作。然而，并不是每个父母都明白这个道理的，他们告诉孩子"好东西要自己留着"，"现在的任务是学习，而不是交朋友"……

　　其实，人际交往、与人合作是家长需要教授给孩子的重要课题。因为只有学会合作，才能求得生存、求得发展；只有学会合作，才能在激烈的竞争中立于不败之地。

合作是指两个或两个以上的人为了共同目标或者获得共同利益而自愿结合在一起，相互作用和配合，最终实现共同目标、满足个人利益的一种社会交往活动。再聪明的人，也不可能掌握所有的知识和本领、想到所有的问题。而大家聚集在一起出主意想办法，往往会使一些困难问题顺利解决。同时，每个人通过吸收借鉴别人的优点，也可以弥补自己知识和能力上的不足，从而不断进步。

合作可以弥补个人能力的不足，给人带来温暖和满足人的社会需求。融洽的人际关系既是心理健康的表现之一，也是心理健康的催化剂。良好的人际关系能促进人际间的沟通，促进人们的相互认识和了解，从而促进人际间的和睦相处，增进生活的乐趣。怎样培养孩子的合作精神呢？我们从以下几个方面进行教育。

现代社会是个充满竞争的社会，但是，在竞争的同时，更加要求合作，如果没有合作，任何事都将无法成功。如电子计算机的发明及不断的更新换代，中国的863高科技计划，人类基因组测序等无一不是数百名乃至数千名科学家、工程师联合攻关、协同合作的结果。在经济领域，亚太经合组织、国际经合组织，欧盟、东盟均是国家与国家（或地区）之间的合作。可以说没有个体之间、群体之间、地区之间、国家之间的合作，现代社会的运行与发展几乎是无法想象的。

在日常的生活中，合作的机会和事例屡见不鲜，而且人们也开始重视和强调通过教育促进人们合作的必要性。在共同学习、集体活动中，孩子们不断地学习并体验怎样才能有效地达到共同目标。所以，父母从小就要强化孩子的合作意识，培养孩子的团队精神，这样才能在将来更好地融入社会。

合作的精神不仅包括分工合作，还体现了接纳、尊重、团结友爱的精神。因此家长要意识到培养孩子的合作精神不仅仅是因为社会竞争和分工需要，还应该意识到合作是一种美德，是一种优良的个性品质，它不是孤立存在的，而是一个身心健全的人的基本素养。心理学家罗杰斯非常强调人际交往对个体成长的意义。他指出，人与人的交往不仅能交流彼此的思想，还可以分享许多深层的情感、内心的感受。人与人通过沟通可以相互启迪，丰富彼此人生；在友谊之中人们互相接纳，探索自身和他人的内心世界，可以促进个人的成长，满足自我实现的需要。

　　良好的人际关系会给人带来精神上的慰藉和支持，增强战胜困难的勇气，在良好的人际关系中成长起来的孩子，长大后更可能成功，因为他们具有良好的团队与协作精神，而这些是现代社会最需要的品质。

　　为了增强孩子的合作能力，我们首先需要了解一下他们在人际关系中可能会出现的问题，以预防之。

（一）人际孤独

　　人际孤独是指在人际交往过程中因交往障碍而带来的孤独体验，它是一种因离群索居而产生的无依无靠、孤单烦闷的情绪体验。每个人都会有感到孤单的时候，它不一定就是心理不健康的表现。但是，如果这种孤独感特别强烈，并且长期存在，以至于影响了正常的人际交往和学习生活，那么就可能有心理障碍了。如果你的孩子总是一个人郁郁寡欢，从来不和同学一起玩，那么你就要注意他有没有人际孤独的问题了。那么，有哪些因素可能导致人际孤独呢？

1. 环境因素

　　首先是孤单的环境，现在城市中的家庭都是独门独户，邻居之间互相不认识，也没有亲戚朋友在附近。那些独生子女家庭的父母一到孩子放假的时候只好把孩子锁在家里，在这种环境中成长的孩子就有很大可能会在人际交往上出问题。

　　第二，陌生的环境也可能让孩子产生孤独。对于孩子来说，在陌生的环境中，要独自面对许多问题，承受许多压力，无法从他人那里得到帮助，于是就会感到特别孤独。那些因为父母的工作需要经常转学的孩子往往就缺乏良好的人际关系。

　　第三，有时由于环境突然变化，会使人一下子无法适应，从而产生孤独感。

　　在当今社会，由于人为因素而造成封闭的家庭环境，是环境因素中导致孩子产生孤独感的最主要原因。

2. 自我意识增强

　　随着孩子年龄的增长，他们的自我意识越来越强，越来越发现自我与同龄人之间的心理差异，逐渐意识到自己的与众不同，并产生了解别人内心世界并被其他人接受的愿望和需要。他们总是在思考"我是怎样的人"、"我在别人眼里是怎样的"等问题。他们关心自己在别人心目中的地位和形象，重视他人的评价。因此，一方面觉得自己心中有很多秘密，不愿意告诉别人，有一种闭锁心理；另一方面又特别渴望别人能真正了解自己，希望用自己的秘密和别人的秘密进行交流。当这种愿望得不到满足时便会陷入惆怅之中，产生与他人、与外界格格不入的孤独感。

3. 错误的自我评价

随着自我意识的增强，孩子便经常对自己进行反省和评价。这种评价随外界环境和自身情况的变化而不断调整。如果自我评价过低，就会自卑，对别人的评价过于关注，时刻担心自己的形象受损。他们总是缩手缩脚、十分胆怯，压抑自己的言行，不敢做自己想做的事，害怕别人耻笑。这种心理自然影响到与人交往。因此，具有严重自卑心理的人往往缺少朋友，不轻易对人袒露胸襟，觉得他人随时都在评价自己，容易产生孤独。而如果一个人自我评价过高，则易产生自负心理，他们不合群、不随和、不尊重他人。所以，有严重自负心理的人也缺乏朋友。

（二）社交恐惧症

社交恐惧症是指个体对正常的社交活动有一种异乎寻常的强烈恐惧和紧张不安的内心体验，从而出现回避反应的一种人际交往障碍。患有社交恐惧症的儿童不敢见人，与人交往时非常紧张，常常面红耳赤，严重者拒绝与任何人发生社交关系，自我孤立，抑郁消沉。他们对自己的神态举止和言谈都过分敏感，生怕自己在别人面前失态出丑。但越是害怕，就越无法控制自己的失态行为，结果在别人面前感到异常紧张、极不自然；他们越是提醒自己不要脸红，偏偏越是脸红，而这又会让他们更加紧张，因此形成恶性循环。

社交恐惧症出现有三种可能原因：

第一，早期经历。它是由孩子早期经受过某种创伤性体验而导致的结果。

第二，性格特征。社交恐惧症的儿童通常都很胆小、孤僻、敏感、退缩、羞怯、依赖性强等。这些性格特征对形成社交障碍有影响。

第三，社会、家庭、文化因素。同样具有早期创伤性经历，有的人发展成为社交恐惧症，有的人却没有。这是由孩子生长的社会、家庭、文化中的差异所导致的，家庭经济条件、社会地位、文化教养等，都对社交恐惧症的形成产生影响。

（三）攻击性行为

我们这里所说的攻击性行为包括两种情况。一是非自卫性攻击，它是儿童为了达到支配或打扰同伴的目的而表现出来的攻击性行为。二是强迫性攻击，即无法自控的攻击性行为。这种攻击性行为会影响孩子的人际关系，让他们缺乏朋友，导致孤独。对于有攻击性的孩子，我们给家长提供以下几种教育方法。

第一，行为矫正法。家长可采用代币制，先仔细观察并记录孩子每天打人的次数，然后对其教育，使其有改正的要求和决心，再和孩子签协约。条文要简单易行，如约定一天中打人不超过三次，可记五角星一个，若超过三次则扣五角星一个，记满15个就奖励他一份礼品。然后逐渐减少一天中打人可超过的次数，慢慢地彻底改掉打人的习惯。

第二，锻炼孩子对挫折的忍受性。攻击性孩子大多容易冲动，遇到挫折或不满就无法忍耐，而增强对挫折的忍受性则可以减少他们的冲动行为。

第三，适当的情绪宣泄。有些攻击性行为是因为情绪无法发泄。让孩子情绪激动时喊两声，或乱涂黑板、打沙袋等等，让他发泄心中的怒气，缓解紧张心情，从而降低攻击性行为。

只要家长是有心人，就不难发现生活中有很多活生生的"教材"。例如，带孩子到户外活动，观察蚂蚁搬家过程中分工合作的情景并进行教育，鼓励孩子多参加合作性的小游戏，告诉孩子工人是如何分工盖大楼的等等。几种方式可供家长参考：

（一）给孩子营造良好和谐的家庭氛围

和谐的家庭是培养孩子合作精神的首要条件。父母整天吵个不停的家庭很难造就一个具有和谐人际关系的孩子。因为耳濡目染父母之间的不良合作，很难让孩子学会与人合作。因此，当孩子在场时，父母尽量不要吵架。父母在对待邻居、同事和孩子朋友时都要热情、谦虚有礼。在这样的氛围中，孩子很容易养成与人合作的基本素养。

家长一定要给孩子创造一个良好的家庭气氛，用良好的家风影响孩子。孩子生活在和谐温暖的家庭，受到的是积极健康的精神影响，他们的心情总是愉快的，精神总是饱满的，思想总是积极的，行为习惯自然也是良好的。

为了培养孩子的好习惯，当家长的要节制自己的行为，要为孩子做出一些牺牲。

有个家长为了培养孩子专心学习的习惯，她放弃了自己的业余爱好，下班后不看电视，不听录音，陪着孩子学习到很晚。孩子看到妈妈每天都要埋头读书学习，自己也埋头读书。孩子说："家里充满了读书的气氛，这种气氛对我是一种压力，是一种净化，它使我养成了专心学习的好习惯。"

有个孩子作文比赛得了第一名，人们认为他当编辑的母亲每天一定为他改作文，指导他写作。可是一了解，家长根本就没有给他"吃小灶"。家长说："我每天忙得不亦乐乎，哪里有时间辅导他呀！"秘密在哪儿呢？还是氛围。他家中有一种浓厚的学习气氛，每天妈妈伏案改稿，爸爸埋头计算；家里来了客人，谈论的也都是如何修改文章，论"结构"，谈"中心"，家中这种"文风"熏陶了孩子，久而久之，孩子也喜欢上了作文，并获得比赛第一名。可见，氛围的作用是多么大。每一个家庭都要努力创造一个文明的、和谐的、健康向上的氛围，以便更好地培养孩子的好思想、好习惯。

（二）在家庭里定期开故事会和孩子一起分享故事

家长和孩子商议每一周的某一天是讲故事的时间，家长和孩子一起讲故事，每人讲一个故事，讲完后家长和孩子一起说说听后感。引导孩子明白协作和分享的好处。另外通过讲故事的形式也逐步养成了孩子看课外书籍的好习惯，口头表达能力也提高得很快，这是一个一举多得的好方法。

（三）和孩子玩、分享与合作游戏

现在，有不少父母为图省事，把电视、动画影碟当成孩子的保姆，这对孩子的身心发展是很不利的，会直接妨碍亲子间的语言和感情交流，对孩子合作能力的发展也有不良影响。因此，孩子看电视或影碟要有选择，时间不宜太长，父母首先要管理好自己，别让孩子成为自己的陪看。家长们要学会设计丰富多彩的家庭生活，多与孩子交流，准备一些益智的亲子游戏，策划一个共读的时间等，最好每天抽出十几分钟与孩子做游戏。时间充裕的情况下，可适当带孩子到野外，感受大自然，认识花草树木、飞鸟虫鱼，在实践中给孩子讲解相关的科普知识。事实上，和孩子一起玩耍的方法很多，家长只要有心，准会想出许多好招，去启迪孩子的智慧，丰富孩子的心灵，健全孩子的心理，让孩子健康成长。

家长让孩子懂得与人合作，还需要教给孩子与人合作的方法。因为在与人合作中，人际矛盾和冲突是必不可少的，以恰当的方式和平和的心态进行处理，合作才能继续。因此家长应该教会孩子懂得与他人合作的技巧和方法。

（一）善于表达自己的意见和需求

在与人合作的过程中，孩子总会遇到与人意见不一致的时候。在这个时候，善于表达就显得十分重要。出色的表达技巧可以帮助孩子解决合作中的问题，同时也展示了孩子的思想、个性和智慧。相反，则会起冲突，不但解决不了问题，还会给孩子的心灵造成伤害。

因此，家长要让孩子明白，当与人意见不一致时，不见得就会起冲突，要在心平气和的状态下提出意见，同时要注意训练孩子的胆识和态度，问题要有礼貌地提出来，表达要注意时机，说话要幽默并富有逻辑性。如果孩子的意见和需求遭到了反对，家长要教育孩子学会反省反思，注意培养孩子良好的身心修养。

在合作中，当孩子认为自己对某个问题有独到的见解时，鼓励孩子大胆表达出来，但为了取得更好的接受和领会效果，家长应教会孩子表达意见的角度和方式，比如从侧面把自己的意见讲出来，采用商讨建议的方式，这样既可以验证意见是否合适，而且能把意见阐述得更清楚，容易取得他人的认同。另外，家长要注意教育孩子在发表意见时，口气不要咄咄逼人，不要唐突发言，不要长篇大论地占用过多时间。

（二）善于倾听并尊重他人的意见

重述大家很熟悉的小故事。孙子问爷爷："爷爷，为什么人有两只眼睛、两个耳朵、两只手，却只有一张嘴巴呢？"爷爷告诉孙子："这是让人要多看、多听、多做事、少说话呀。"

故事用寥寥数语形象深刻地说明了"听"在人际沟通、交流和协作中的重要性。善于倾听不是与生俱来的能力，是需要花很多时间和途径培养才能形成的。"学会倾听"有两层意思。一指要倾听，听时要集中精神、专心致志。这是一种礼貌，也是对说话者人格的尊重。二指要会听，要边听边思考。家长可以在日常生活中训练孩子学会倾听，专心致志地听，引导孩子边听边思考别人讲的与自己想的有什么不同，为什么会有不同。通过训练使孩子既学会倾听，又保持理解的心态。

除了善于倾听之外，家长还要让孩子明白尊重别人是获得别人尊重的前提，在与别人合作时对别人的工作成绩多尊重一些，会使合作的气氛更加融洽，同时体现了自己的良好个性品质。著名心理学家卡尔·罗杰斯在他的一本书中写道：你永远不会因为认错而引来麻烦，唯有如此才能平息争论，引导对方也能同你一样公正宽大，甚至也承认他或许错了。

（三）学会与他人分享

与人分享也不是自发的，家长需要循循善诱，教给孩子怎样去做，教会他们分享，这对孩子的成长非常重要，也是孩子学会合作的关键一步。帮助孩子学会分享，必须注重孩子的心理发展特点，同时给予必要的外在强化，才能帮孩子真正地建立起分享意识。

父母要千方百计地使孩子明白，分享不是失去而是互利。注意从小不要让孩子独享好吃的、好玩的。另外，要经常给孩子分享的实践机会。

（四）能够宽容他人的行为

法国作家雨果曾经说过："世界上最广阔的是海洋，比海洋更广阔的是天空，比天空更广阔的是人的胸怀。"宽容使事情变得简单，而苛刻会把事情变得复杂。同样宽容不是与生俱来的，家长也要把握教育时机，让宽容的种子在孩子心里开花、发芽。

除了培养孩子的合作精神，对成年人来说，合作更是必不可少。

一只巨蟒在攻击蚂蚁驻地，正用尾巴用力地拍打峭壁上的蚂蚁，躲闪不及的蚂蚁无一例外地丢掉了性命。

此时数亿只蚂蚁爬上周围的大树成团成团地从树上倾泻下来，砸在巨蟒身上，转眼之间，巨蟒已经被蚂蚁裹住，变成了一条"黑蟒"。巨蟒不停地摆动身子，试图逃跑，但很快动作就缓慢下来了，因为数亿只蚂蚁在撕咬它，使它浑身鲜血淋淋，最终因失血过多而死亡。

一条巨蟒，足够当地蚂蚁一年的口粮了，这次战争虽然牺牲了不少蚂蚁，但收获也不小。数亿蚂蚁毫不费力地把巨蟒扛起来了。然而，扛是扛起来了，并且每一只蚂蚁都很卖力，巨蟒却没有向前移动，因为虽然有近亿只蚂蚁在用力，但这近亿只蚂蚁的行动不协调。它们并没有站在一条直线上，它们朝前后、左右各自不同的方向用力，结果，表面上看到巨蟒的身体在挪动，实际上却只是原地"摆动"。

后来，蚂蚁齐心用力将巨蟒拖成一条直线，蚂蚁们也站在一条直线上。最前面的蚂蚁起步，后面的依次跟上。最后蚂蚁们迈着整齐的步伐前进，很快将巨蟒抬回了家。

从单纯的理论上说，1加1的结果有三种情况。一是1+1<2，在这种情况下，人们没有合作，整个团队只是乌合之众，没有协作关系。二是1+1=2，在这种情况下，人们是在竞争，竞争的结果是各有输赢，没有表现出团队合作的优势。三是1+1>2，团队的协作关系融洽，取得了很好的协调效果。

蚂蚁凭什么能战胜巨蟒并将重量数万倍，数十万倍，乃至成百、上千万倍于自己的巨蟒搬回家？单靠一只蚂蚁是无法完成的，必须由无数只蚂蚁结成有共同目标且行动协调一致的团队才能完成。

在我们的生活中，可以说无处不在体现着合作的力量、集体的力量。一支竹篙难渡汪洋大海，一个人在事业上难以成功。是的，没有能独立立足于社会中的人，只有合作与相互支持才能真正取得成功，现代社会已不再是"孤独剑客"的时代，而是一个高度专业化又高度复杂的社会，时代已发出了强有力的呼唤——协作。可以断言，不懂合作的人，是无法走进成功的殿堂的。"众人划桨开大船"就像搬动巨蟒的蚂蚁一样。

将自己融入整个团队。因为我们负有一个为共同目标奋斗的义务，如果我们希望保持团队的某种优势的话，则无论遭受到怎样的坎坷或困难，我们都应以大公无私的团队合作精神来承担这项义务。

没有整体意识的团队不是真正意义上的团队，没有整体意识的协作也不是真正意义上的协作。在实践中，有许多为了共同的利益或目的而组成的群体，他们貌似一个团队，可内部的个体却为了一己私利，常常意见不一，各行其是，多数完不成整体目标，他们正像一个寓言所描述的一样：

蛇头和蛇尾相互争论谁是老大。蛇头说："我有耳朵可以听，有眼睛可以看路，有嘴能吃东西，走路也在前面，当然我应当是老大！"蛇尾怒说："那好，要是我……"话没说完它把身子在树上绕了三匝，蛇头不能前进。过了三天，就快要饿死了，蛇头只好向蛇尾说："你放开，我让你当老大！"蛇尾得意洋洋地向前走去，可是由于蛇尾没有眼睛，没走几步，就掉进火坑给烧死了。

从前，中国有一句话叫做"人多力量大"，其实，在群体组织中，并不一定得出1+1>2的结果，上述例子中的蛇头和蛇尾就是这种情况。

现代社会把人们组织起来，就是要发挥团队的整体威力，使团队的整体大于各部分之和。如果1+1<2就说明整体的力量小于各部分之和，这就是一个没有整体意识的团队，成员之间也就谈不上协作了。合作不单是一种精神，而是一种生存需要。新世纪的生存之路绝不会比我们以往的路好走，各种各样的挑战在等待着我们。一个团队要建设好，需要每一个方面、每一个环节都做好，才能保证团队的力量，然而要做到团队的协作、整体意识的提高，还要从三个外在因素考虑：

（1）公平因素。不注重公平的团队是不能让每个成员协同一心的，只有公平才能达成团队成员之间的平衡。公平一般分为程序公平和结果公平。程序公平比结果公平更影响团队成员。如果只注重结果公平，不注重程序公平，其结果只会导致分配上的大锅饭。

（2）绩效的评估方法。一个团队需要一套公平、透明的绩效评估体系，对每个成员的努力，绩效做出评价。一个团队没有完善的绩效评估体系，就不会激发团队成员的积极性。

（3）人际关系。复杂的人际关系，对团队绩效产生了很多负面影响，因为人们把过多的精力耗费在人际关系方面，一个优秀的团队必定要创造一种和谐的人际关系氛围，使团队成员可以在简单的人际关系中，轻松而又全力以赴地进行工作。

团队与群体是不一样的，群体可以因为事项而聚集到一起，而团队不仅有着共同目标，而且渗透着一种集体意识和团队精神。

一个团队，组织的成员没有整体意识就不会协调一致地行动，甚至会产生内耗，这样就不会产生整体大于部分的协同的效应。

西方有句古老的格言："团结才能让我们稳住成功的基石，分裂则会导致倒塌失败。"

我们强调团队意识和团队精神，其实质就在于强调一种互助协作的精神。要让每一个人都能充分地意识到，自己是团队中的一分子，自己有责任为了整个团队的利益互相合作，互相支持，因为团队的胜利也是每个成员的胜利。

公牛队在1998年NBA总决赛中，战胜爵士队，取得了第二个三连冠的傲人成绩。

与它对垒的敌手，总是在战前针对公牛队的球员特点，制订出一系列应战策略，企图找出公牛队的弱点，并加以还击。其中之一的办法，居然是要设法让迈克尔·乔丹的得分超过40分。

这个论点听起来非常荒谬，但是，仔细推敲却有道理。

因为，当乔丹个人得分平平时，其他队员才有发挥的空间，公牛整个团队表现更能突出。相反，若乔丹的表现过于突出，球赛成了个人表演，这就削弱了整体队员间的默契与团结。因为，团体竞赛中，最可怕的事不是对手有多强劲，而是自己内部产生嫌隙，造成大家不能团结一心。

协作永远是使自己受益也让别人受益。而只顾自己的人不会让别人受益，自己也不会受益。只有懂得协作的人，才能明白协作对自己、对别人乃至整个团队的意义。

不管是在社会上还是职场中，过多的心结或私心，反而会让我们自己陷入失败的牢笼，不利于整体、团队的协作关系的建立。

其实，天地万物大都是群居的模式，我们不会有真正独处的时候，即使隐入山林，我们也得依靠其他生物而生存。没有团结一致的宽阔心胸，我们只会让自己越来越孤立无援，不断面临一次次失败。

在任何一个团队中都存在竞争。因为人人都有希望、目标和理想，都渴望梦想成真。但对协同作战的员工来说，与队友配合比与队友竞争更为重要，这是卓越员工必须具备的品质。将自己视为团队整体的一部分，竞争的最高限度是绝不能让竞争损害到整个团队的和谐。

团队成员之间要相互支持，而不能相互拆台。一些员工只关注自己的利益，而不信任他人，甚至猜疑自己的队友。其实这是一个态度问题，如果你能善待他人，相互间就可以建立起良好的协作关系。

作为团队的一员，遇到事情发生时，你不该想"这样做，对我有什么好处"，而应该想"这样做，对团队有什么好处"。这两个不同的关注点说明你想的是与他人竞争，还是与他人积极配合。任何优异的成绩都是通过一场相互配合的接力赛取得的，而不是一个简单的竞争过程。只有保证整体的利益，才会实现个人的利益。

只有与队友相互配合，你才能取得惊人的成绩，但如果只满足于单打独斗，就会丧失很多成功的机会。无论做什么事情，只要能相互协作，就会增加所做事的价值和效果。因为，在相互协作的过程中，不仅能充分发挥你自己的才能，而且还会激发出队友的潜能。

翁亚伯特是个具有过人才智的人，他理应在职场上有不错的表现。不料他很快发现，与人共事成为他生涯发展中最难的课题，因为稍有不慎就会使自己与他人失去平衡的关系。并且做到了平衡还不行，还得兼顾办公室其他人的位置，也就是说其他人也得彼此对应平衡。这样才能和谐，即使冲突发生，也是和谐状态下的冲突，很快就会恢复平静。

公司指派他参加肩负特别任务的老虎小组，不料却成为他痛苦的源头。他觉得这些组员一直对他不友善，他的创见总是无法得到称赞，因此产生许多麻烦及挫折。于是他认为，与人共同努力做一件案子对他并不合适，他若能独自一个人工作，无论效率或结果都会更好。他的主管梅根却有不同的看法。她帮他看清了，一个不能与别人共事的人，没有前途，反之，要出人头地，最最重要的就是要具备与人相处的能力，缺乏与人相处的能力注定会尝到失败的苦果。

于是他生涯的转折点出现了，在梅根的安排下，他前往密西根大学学习如何激励团队的诀窍。这些诀窍让翁亚伯特如梦初醒，终于脱胎换骨，成为一个最善于平衡各种关系的人。他选择的集体完成的项目，多是四个人去完成，他是其中一个。有人问他为什么不是三个人，或者五个人。他说："三个人要么各自为政，要么其中一个人怀疑另两个人关系最亲密，三条心达到一致不容易。五个人更复杂。而四个人，一一对应，每个人都会找到自己对应的另一条边。"

关于在办公室如何积极融入团队，他总结为：

1. 以真诚的姿态与同事相处

有困难时，尽心尽力予以帮助，不要冷眼旁观；同事征求意见时，不能给人家没有意义的应答；对方无意冒犯了我们，以无所谓的态度，原谅他。我们和同事们生活、工作在一起，同事们在工作中可以带给我们快乐与满足。假如没有人主动跟我们讲话，也没有人向我们谈心，我们的工作就会枯燥而没有意义。

我们要懂得把难免产生的摩擦化解掉。如果同事们对我们不理睬，在很多事情上与我们作对，那么说明我们自身肯定有问题了。要仔细研究与同事合不来的原因，一定要待人热情，努力去营造愉快的气氛，多多研究与人相处的技巧，这是我们事业成败的关键。

2. 注意保住同事的面子

人人都爱面子。在与同事交往中，要注意对方的感受，不要管不住自己的嘴，伤害同事的自尊心，无意中给自己树敌。

保留对方的面子，这是很重要的事情。我们要考虑到这个问题。有些人会在众人面前指责他人，不去考虑是否会伤别人的自尊心。我们只要多考虑一下，为他人也想一下，就可以缓解一些不愉快。

3. 不要愤怒，更不要报复

当同事们做了对不起你的事时，不要愤怒，要冷静思考：他为什么那样做？真诚地尝试设身处地替同事着想：他是个有信誉的人，这事，我想应该另有原因吧。要用理智来控制情感，如果确实事出有因，你的心情就会平静；如果真是恶意，也在看清一个人的同时，提高了自己的涵养。

关系到重大的利益，我们可能会被同事暗箭中伤。不要想着对对方进行还击报复。如果我们跟这样的人纠缠，结果对我们自己的伤害会更大。沉默一段时间，时间会证明一切的，那样我们会赢得尊重，赢得更多的朋友。

4. 称赞他人，不要嫉妒

同事中会有在事实上，抑或在领导眼中比你强的人，你没有必要去嫉妒他们，试着去称赞他们。最后你也许会发现他确实很优秀，和他的关系也越来越好。同时，你也会得到同事们越来越多的称赞。

5. 提高警惕，避免犯不必要的错误

人的错误，总是在不知不觉中犯的，必须时刻提高警惕。要做一个善于自省的人，时刻注意发现自己的毛病，时刻要具有"危机感"。发现了自己的错误，就会减少对别人的伤害，同时减少自己的麻烦。

6. 明确和同事的关系

办公室中人与人是合作关系，不要计较。有小过节，也不要放在心上，同事之间各自的收获都是用自己付出的辛苦和智慧换来的，不存在多少利害关系。不要为了一点可怜的面子，伤害大家本该平静的心。多用时间和精力去做些更有意义的事。

7. 乐于助人，不求回报

要做不拘小节、心宽度大、乐于助人的人。人际来往不是为求回报。做一个热情洋溢的人，把自己的光芒照耀在周围每一个人身上。

8. 相互信任

我们与人在一起做事其实就像是在谈恋爱，如果彼此间没有最基本的信任，不把眼光放长远一些，那么就不可能走到一起来。

要在公司内部得到发展，树立信誉非常重要。要晋升，没有上司和同事的信任不行。他们需要充分地了解你，才能把你推荐给他人。

9. 使合作对象感到舒服、自然

真诚使对方感觉如沐春风，真诚是来自我们内心的东西。如果大家都敞开心扉，很多困难便不复存在。

为了培养基于协同精神之上的团队精神，我们必须在以下几个方面进行修炼。

1. 培养自己做事主动的品格

我们都有成功的渴望，但是成功不是等来的，而是靠努力做出来的。我们不应该被动地等待别人告诉自己应该做什么，而应该主动去了解我们应该做什么，自己想要做什么，然后进行周密规划，并全力以赴地去完成。

2. 培养敬业的品质

几乎所有的团队都要求成员具有敬业的品质。有了敬业精神，才能把团队的事情当成自己的事情，有责任心，发挥自己的聪明才智，为实现团队的目标而努力。个人的命运是与所在的团队、集体联系在一起的。这就要求我们有意识地多参与集体活动，并且想方设法认真完成好个人应该承担的任务，养成不论学习还是干什么事都认真对待的好习惯。要知道，有才能但不敬业的人是不会取得成功的。

3. 培养自己宽容与合作的品质

今天的事业是集体的事业，今天的竞争是集体的竞争，一个人的价值在集体中才能得到体现。所以21世纪的失败将不是败于大脑智慧，而是败于人际的交往上，成功的潜在危机是忽视了与人合作或不会与人合作。实际上，集体中的每个人各有各的长处和缺点，关键是我们以怎样的态度去看待。要能够在平常之中发现对方的美，而不是挑他的毛病，培养自己求同存异的素质。

4. 要培养自己的全局观念

团队精神不反对个性张扬，但个性必须与团队的行动一致，要有整体意识、全局观念，考虑团队的需要。它要求团队成员互相帮助，互相照顾，互相配合，为集体的目标而共同努力。

> 对他人产生兴趣，并与之合作已经更多地是我们生存的基本需要。
>
> ——搜狐网友疯狂宝贝

奉献自己

> 只有理解生活的意义在于奉献的人，才能够以勇气和较大的成功机会来应付其困难。
>
> ——阿德勒《超越自卑》

在一个夏日的午后，一阵暴风雨骤然而至。一位衣着朴素的老妇人走进匹兹堡的一家百货公司，她漫无目的地在公司内闲逛，似乎并没有打算买东西。

很多售货员都只是瞟上一眼，就自顾自地忙自己的事情。但是有一位年轻人却轻轻地走了过来，很有礼貌地询问她是否有需要服务的地方。这位老太太对他说："我是进来躲雨的，还没有想好要买什么。"

年轻人安慰她说没有关系，还是很欢迎她的光临，并且给她送来了一把椅子。

雨很快停了，当老妇人离去时，年轻人还陪她到街上，替她把伞撑开。老妇人走的时候向年轻人要了一张他的名片。

不久后的一天，年轻人突然被公司老板召到办公室去，老板向他出示一封信，是位老太太写来的。这位老太太要求这家百货公司派一名销售员前往苏格兰，代表该公司接下装潢一栋豪华住宅的工作。

原来，这位几乎要被年轻人忘记了的毫不起眼的老太太正是美国钢铁大王卡内基的母亲。

知道幸运是如何降临到人们头上的吗？不仅要比别人付出更多的劳动，还要比别人付出更多的关心和礼貌。

人们常说"舍得舍得"，意思就是"先舍后得，有舍才有得"。要成功，首先就应该付出。只有在你自己付出了的同时才会获得许多。你越是慷慨大方，毫无保留地为别人付出，你获得的回报也越多。你为别人想，就是为自己想，正所谓"赠人玫瑰，手留余香"。

一个漆黑的夜晚，一位盲人拎着一盏小灯笼在路上行走。有一位路人遇见后感到很疑惑，拦住那个盲人问道："既然您什么也看不见，挑一盏灯笼有什么用处呢？"

盲人说："黑夜里，眼睛正常的人也看不见，所以，我就点燃了一盏灯。"

路人若有所悟："原来您是为别人照明呀！"

盲人却说："不完全是，这盏灯也是在为我自己照明。虽然我是盲人，但我挑了这盏灯笼，既为别人照亮了路，也让别人看到了我，这样他们就不会在黑暗中碰撞我了。"

道理就是这么简单：奉献的同时，自己也会有所收获。将这个道理反过来，如果你想得到什么，你就必须先付出什么。如果你想要快乐，就先给予别人快乐；如果你需要爱，就先要学会付出爱；如果你需要别人的关注和欣赏，就先学会对别人关注和欣赏。所以，只有不断付出的人，才能收获更好的人际关系。

里奥是得克萨斯州唯一的黑人眼科医生，在该州却是相当有名望的人物。他凭借什么建立这种威信的呢？回答只有两个字：奉献。

里奥的奉献方式也很简单：为公众服务。这种方法使他深得人心，也让他的事业走上了康庄大道。

里奥在他20岁时开始工作，他做的第一件事就是整理出所有曾经交往过的朋友名单，并且参加该城的黑人团体，在这个团队里，他尽心尽力地为大家服务，不久他便当上黑人协会领袖，并且连任两届。

在他担任协会领袖期间，里奥在黑人学校及业余剧团中十分活跃，并且经常参加体育活动、宗教及其他各类联欢会。为了让大家能够更真实地了解国外的情形，他抽空将在国外旅游时的所见所闻制作成幻灯片放给大家看，毫无疑问，这个举动使得他很受大家的欢迎。

里奥的生活多彩而忙碌，但他仍然会抽出时间扩大自己的交际范围。因为他认为："能多参与社会性工作，多给身边的人提供帮助，被人们信赖的机会就较高，随时有可能把自己推销出去。"

就是这样，里奥凭借他的奉献精神，在极短的时间内得到了大众的尊敬与信赖，也使他的事业更加的顺利。

奉献和接受存在于人际关系中的所有内容中。生活如同一个耕种的过程，你种下什么，就会收获什么。先有奉献然后才有得到，当你的奉献是真诚的，你收获的回报和这种奉献也是成正比的。

人生的道路上，我们难免会遇到许多的困难和挫折，只靠个人的力量是难以克服和排除的。因此，我们离不开别人的帮助，同样，别人也需要我们的帮助。

但是有些人却在别人陷入困境的时候表现出一副若无其事的样子，更有甚者，拿别人的痛苦当作乐趣或者茶余饭后的谈资。面对别人伸出的援助之手，这些人不仅不感到惭愧，甚至怀疑他人别有用心。

俄国作家列夫·托尔斯泰曾说："一切利己主义的生活，都是非理性的、动物性的生活。"自私的人可以说是一具行尸走肉，他们徒有人的身体却没有人的灵魂。

生活中，更有无数的热心人将自己的爱无私地给予那些需要帮助的人。2008年我国四川汶川发生了"5·12"大地震，人民生命财产损失严重，但全国各地积极发扬"一方有难，八方支援"的精神，捐款捐物者不计其数，挽救了许多灾民的生命，帮助他们重建家园，让他们感受到了祖国大家庭的温暖。

帮助别人并不一定要以财物的形式，最重要的是我们的存心。《弟子规》上讲："己有能，勿自私。"自己有的才华能力，只要帮得上别人，不要自私，伸出援手就是一种帮助。当你身边的人面对难以解决的问题，面对无法消除的困惑，你能够用你的一些人生经验帮助他，用你的方法指导他，那他就不会因为没学到一些好方法而搞得手忙脚乱。而当我们把这些做人做事的道理传授了他，他就会有所成长，相信在这个过程中我们的聪明智慧也会日渐增长。

南北朝时的孙谦，被宋明帝封为明威将军，任巴东及建平二郡太守。上任时，朝廷建议他募兵千名，以镇"蛮夷"。孙谦辞谢说："昔日蛮夷不听朝廷号令，是我们待之有失信之处，只要以诚相待，不带兵一样安全。"上任后孙谦

"布恩惠"于民众，民众感恩戴德争相向孙谦送金银财宝。孙谦对他们耐心教育，说为官要清正廉洁，所送之物全部退还。齐代宋后，孙谦任宁朔将军、钱塘令，他减免赋税，"治繁以简，狱无系囚"。卸任时，人们"追载缣帛以送之"，他一无所取。

宋朝名臣范仲淹在朝为官时，他的亲族有300多个人都是他在照顾，他买了很多义田，让他们来耕作，这样大家就可以生活无缺。只要看到亲朋好友婚丧嫁娶有困难，他都会慷慨解囊。有舍才有得，范仲淹的成就大过很多帝王。

范仲淹除了在金钱方面尽心尽力帮助这些亲友之外，他还盖了一所学校，兴义学，让更多学子能够得到圣贤教诲，进而报效国家。范仲淹办的那所学校，直到清朝考上进士的有数百个，状元有数十个，后来那块地盖了学校，现在是当地很有名的高中。《易经》上说："积善之家，必有余庆。"范仲淹这样的德行让他的后代子子孙孙得到庇荫，他的家族八百多年不衰，因为他们都在用真诚之心来对社会付出。

自己有能力、有知识，不肯教导别人，在佛法中讲就是"吝法"，生生世世得愚痴果报。玄奘大师在印度留学时讲经说法，印度这些大国王都喜欢听，都希望留玄奘大师在当地弘法利生。但玄奘大师说：我到印度来的目的，是为东土大唐苦难的众生求取佛法，你们留住我不让我回去，使佛法不能普及到东土，你们将来生生世世得愚痴果报。于是当时印度的那些国王，都纷纷帮助玄奘大师顺利回国。

墨子说："爱人不外己，己在所爱之中。"我们更要懂得互相帮助的重要性，要乐于助人、甘于奉献。

一个人幸福的根基就在爱与感恩之中。当他懂得爱、懂得付出，他会认识到自己的价值，感受到施比受更有福。我们看到很多做义工、做志愿者的人每天都满面笑容，他们志愿贡献自己的时间和精力，没有任何报酬，因为时时想着可以帮助别人，虽然有时候会很忙碌、很辛苦，但是他们的精神状态却愈来愈好，因为他们从中获得了充实和欣慰。

许哲女士，1898年出生于中国汕头，27岁上小学，47岁学护理，67岁创办养老病院，69岁学瑜伽，90岁学佛，100岁用功学中文，101岁皈依佛门，被新加坡政府誉为"国宝"。许哲的生命经历是很特别的，她在各方面都比别人晚了一步，但她却付出比别人更多对生命的热爱和真诚，可以说她是全世界终生学习的最佳代表。在47岁那年，她到英国读了四年专业护理，而就读的学校当时只招收17—25岁的学生入学，她大大超过了求学年龄，如何使校长收她这名老学生呢？

她写了一封信给校长，说明她发愿终此一生，把整个生命奉献给穷苦人、病人，而为了更正确有效地照顾他们，她必须懂得医学方面的知识，因此校方破例接受了她。

她一生的行善奉献是这样开始的：1933年她担任英国驻香港通讯社秘书，有一天，在朋友的邀约下到一家高级餐厅吃饭，那是一家装潢华丽的餐厅，柔美的灯光配上悠扬的古典音乐，晶莹剔透的高脚杯盛着香醇美味的葡萄酒，用餐情调格外浪漫、愉悦。吃完饭走出餐馆，带着愉快的心情行走在萧萧的夜风中，突然，她发现一间旅馆墙脚边站着一个老人，在昏暗的灯光下，那老人显得特别瘦弱且饥饿得发抖。那人伸手向她乞讨，指甲又脏又黑，她的心好像被什么东西着实猛刺了一下，她想：他是我的兄弟，为什么我可以喝白兰地，而他却饿了好几天没饭吃？这世上，还有很多可怜人没饭吃，刚刚的那一餐饭钱，可以让许多穷人吃好几天了。从那天以后，她不再多花一分钱在自己身上，她认为如果还是和以往一样，那多花的一分钱，就都是在掠夺她兄弟的钱。

从此，许哲女士开始了她充满大爱的一生。她认为：助人不应分种族、国家和宗教，大家应视人如己、视天下如一家，视每一个人都是自己的兄弟姐妹，人类就像一个大家庭，我只是尽自己的力量去照顾需要我照顾的人。当然，这种事须发自内心才行。我没有权利要求他人也那么做，我只能身体力行。如今，许哲女士已经115岁，不但不需人照顾，自己还在照顾20多位比她小二三十岁的孤苦无依的老人们，每个月定期分派粮食给他们，也为他们缴房租、水电费。当她到各处分发红包给受她照顾的老人时，她说他们给她最大的礼物，就是他们开心的笑容，他们的笑容使她年轻。她说："我是最开心的人，他们每个人只有一份开心，我有20份开心。"

人家捐给她几十万台币，她也从来不花在自己身上一分一厘。她说："我从来不买衣服，穿的衣服都是从垃圾筒捡回来的。能穿的，洗一下就穿；不能穿的就修改。我看到世间还有很多穷人没有饭吃，没有衣穿，我要去买一件新衣服太浪费了，觉得对不起那些苦难的人。在我自己住的房子中，除了书桌及床头柜上放一张母亲的相片外，其他什么摆设都没有。有些社会人士送纪念品表扬我，有的保存起来，有的丢掉了。有人给我照相，照了就撕掉，留这个没有用，这些东西是累赘。"不仅如此，她在1941年之前，用自己的劳动辛苦赚取的薪水，她也说不是她的。她说："我为什么有体力、有健康去赚钱？全赖上天给我的。上天照顾众人，我当然也要帮助上天照顾人，一切人都是我的兄弟姊妹。"她的心量之大，少有人及，她所布施供养的范围，小自方便面，大至一家人居住的房屋，她都布施。十几年前，她的姐姐去世后，留给她一笔遗产，她把遗产悉数用于布施，买了十几栋房子，给当时急需房子住的贫困老人及破碎家庭。而更可贵的是她的体力布施，一生为穷人奔波劳碌，把自己忘掉，完全没有了自己。所谓的"我执"，一般人很难舍，在她身上完全看不到。又有人问她，你所照顾的老人之中，有脾气很不好的，对你发脾气，你会怎么做？她说："我会静静地握着他的双手，对他微笑。"她又补充说，"对于那些骂我的人，我会念很多'阿弥陀佛'回向给他。"她解释说："人为什么会发脾气，为什么会骂人，是因为他内心磁场紊乱，我念佛希望能帮助他，把他心里面的脏东西去掉。"许哲女士曾信仰过天主教，她皈依佛门后，天主教的教友们见她看其他宗教的书，问她为什么看魔鬼的东西。她说："我看世界上所有的宗教都是一片光明，我的宗教信仰是'爱'的宗教，永远爱世人，大家都是兄弟姊妹，这是我的宗教信仰。"

许哲女士博爱的精神得到全世界多个机构的奖励与表彰，她多次被邀请在研讨会上发言，并接受过许多的采访。面对这些荣誉，许哲女士平和地说："我所做的只是很平凡的事，就好像当有人渴了，我就自然地倒一杯水给他喝。这是一种本能，我从不把它看成是一种成就！"

许哲女士，一个谦称只会扫地的百岁"年轻人"，她还有一个梦——筹办"心连心之家"，收容贫苦老人、受虐妇女……诺贝尔和平奖的获得者特蕾莎修女说自己属于耶稣，而许哲女士倾尽一切、爱一切、服务一切，毫不保留！这位人间义工、永远的学生，跨越了三个世纪，她是世界人，她的爱属于全世界。

孟子说："亲亲而仁民，仁民而爱物。"一个有博爱的人，一定从自己最亲的父母开始爱护，进而推衍到别人的父母、别人的孩子，就是仁爱人民。再从仁爱人民将这份爱心继续扩展到爱护万物，包含动物、植物、矿物，这就是爱物，所以我们顺着这个次第走下去，我们的爱心就会不断地扩展。

有一个老先生，他的家在一个公寓里面。一天，他敲着隔壁邻居的门说："我的儿子寄来了一箱葡萄，我吃不完，你们家有没有盘子可以装些葡萄分给大家。"于是，对门的年轻人用盘子装了许多葡萄，分到了整个大楼里面去。大家本来不是很熟悉，在老者让年轻人帮着送葡萄后，大家开始有了交谈，相互熟悉起来。后来，有一天这位年轻人，看到这位老先生走在路上，迎面走来一个水果摊的老板问老者："老先生，你还要不要再买一箱葡萄了？"这时，年轻人恍然大悟，原来这一箱葡萄，不是老先生儿子寄来的，是他自己用钱买的，老人家真是用心良苦。这栋公寓的邻居们知道这件事之后，觉得非常惭愧，从此邻居们结束了"老死不相往来"的日子，都觉得自己也要透过自己的真诚为别人做点什么。以前大家的自行车排得很杂乱，现在也主动排整齐；一些邻居家的孩子找不到工作，有一户开公司的老板，就主动让这些晚辈到公司去工作；谁的家里有了病人，无论白天晚上，大家都主动帮忙送医院；年轻妈妈上班，孩子放学了，都到老奶奶家里，等妈妈下班后，再领回家，就这样自然而然互动起来了。假如人跟人没有沟通，就会越来越疏远，现在在这位老者的带动下，公寓里的人们都有人情味了。

前文提到的许哲女士，她人生几十年都一直致力于照顾病人，照顾贫穷的人。曾经有记者问她："你帮助这么多人，帮助这么多别人……"记者问到一半，她就说："我哪有帮助别人？我帮助的都是我的兄弟姐妹。"在她的观念中，整个宇宙都是她的家。世界上的一切众生都是她的亲人。记者又问她："你照顾别人，谁照顾你？"很多人都有这样的烦恼，照顾别人还怕自己没人照顾。这位长者很开心，她就说："我不用别人照顾我自己，老天爷会照顾我。"多么豁达的人生态度！

老子说："天道无亲，常与善人。"善良的人的福报不可限量。许哲女士说她的冰箱总会莫名其妙多出很多菜来，而且也不知道是谁送的。当施的人不求回馈，回报的人也不想让她知道。假如我们今天送礼是有所目的的，礼物拿过去还要告诉对方说这是我拿过来的，对方接受的时候就会有负担，好像欠你一个人情，这样人与人相处会有压力。而许哲女士她的付出是不求回报，而且她觉得那完全都是她应该做的，所以接受她帮忙的人都会发自内心地感动。一有机会可以帮她做些事，大家都会很主动，所以都会买些菜放在她的冰箱里。

在德国北方一个小镇的修鞋店内，有一个用红白大理石修建的专为非洲捐鞋的"捐鞋台"，几乎每天捐鞋台上都摆放着各种各样的鞋，这些鞋看上去都非常干净，同新鞋没有什么两样。震撼人们内心的，是店内正面墙上悬挂的一幅黑白大照片：一个瘦骨嶙峋的黑人躺在杂草丛生的公路旁，两手抱着流血的双脚，痛苦万状。鞋店店主正是因为这张20世纪60年代的照片，改变了自己的人生。他萌生了向非洲捐鞋的想法，于是他辞去鞋厂主管的职务，办了修鞋店并修建了捐鞋台。他说："看到这张照片时，我有生以来第一次在众人面前流下了眼泪，那是一个日耳曼男人的眼泪，绝不是轻易流淌的。"

向灾区以及慈善福利机构捐赠，其实是在付出一份诚挚的爱心。

张莹在加拿大学习期间遇到过两次募捐，那情景至今令张莹难以忘怀。

　　一天，张莹在渥太华的街上被两个男孩子拦住去路。他们10来岁，穿得整整齐齐，每人头上戴着个做工精巧、色彩鲜艳的纸帽，上面写着"为帮助患小儿麻痹的伙伴募捐"。其中的一个，不由分说就坐在小凳上给张莹擦起皮鞋来，另一个则彬彬有礼地发问："小姐，您是哪国人？喜欢渥太华吗？小姐，在你们国家里有没有小孩患小儿麻痹？谁给他们付医疗费？"一连串的问题，使张莹这个有生以来头一次在众目睽睽之下让别人擦鞋的异乡人，从近乎狼狈的窘态中解脱出来。擦完鞋，张莹问该付多少钱，他们说："给多少都行。""5分也行。"其中一个补充道。当张莹把5加元放到他们胸前的布袋里时，他俩争着用稚嫩、优美的童音大声说："谢谢您，非常感谢！我们希望有一天能去你们美丽的国家旅行。"一边说一边把一个红白两色的脚印形纸牌别在她的衣服上，并告诉张莹：其他孩子见到这个标志就知道你已经捐过了，不会再给你擦鞋了。回住处的路上她看见许多人胸前都佩戴着这个小小的脚印。到处都有孩子冲她说"谢谢"。张莹觉得他们的笑容好像融进了路旁盛开的花蕊中，他们的声音好像来自天堂。

　　几个月之后，也是在街上，一些十字路口或车站坐着几位老人。他们满头银发，身穿各种老式军装，上面布满了大大小小形形色色的徽章、奖章，每人手捧一大束鲜花，有水仙、石竹、玫瑰及叫不出名字的花。匆匆过往的行人纷纷止步，把钱投进这些老人身旁的白色木箱内，然后向他们微微鞠躬，从他们手中接过一朵花。张莹看了一会儿，有人投一两元，有人投几百元，还有人掏出支票填好后投进木箱。那些老军人们毫不注意人们捐多少钱，一直不停地向人们低声道谢。同行的朋友告诉张莹，这是为了纪念第二次世界大战中参战的勇士，募捐救济残疾军人和烈士遗孀，每年一次。捐款的人可谓踊跃，而且秩序井然，气氛庄严。有些地方，人们还耐心地排着队。张莹想，这是因为他们都知道：正是这些老军人的流血牺牲换来了许许多多。

　　有人说，帮助比自己弱小的人，会获得一种心理满足。可当张莹两次把那微不足道的一点钱捧给他们时，感到的只是自己想对他们说声"谢谢"。

　　帮助弱者最好或最简单的方法，莫过于少为自己买件新衣，把省下的钱捐给他们；或收集不再用的旧物将它们捐给有关机构，请他们转赠给需要的人。

　　如果你正想归属于一个更大的人际网络，那么就清理你家中的衣柜吧，并建议亲友也这样做，然后来个大赠送。让这些衣物被再利用，可以建立更好的共同体意识。这种捐赠的方式，最能让你觉得自己不是孤岛，而是社会大陆的一部分。

或许你今天能给予他人的最神奇的礼物，就是你的心而非你的荷包，由你费心思花时间，而不是匆匆采购应付的礼物。你可以送出的最佳礼物，就是你的热忱。你可以组织社区邻居一起捐出家中不用的物品，捐给慈善机构；少买件你并不十分想要的物品，而把那笔钱捐赠给灾区或你身边遭遇困难的人。付出，绝不是居高临下的施舍，你本来就应该这么做。

拿破仑·希尔曾向一家公司董事长推荐一位具有相当水准的朋友。他是个设计高手，能力非常强。假若这位董事长能重用他，对公司一定很有帮助。他的这位朋友果然备受董事长的信任。他所设计的商品，推出后没多久，就受到大众的欢迎，赚了一大笔钱。

可是赚了钱的董事长却没有将红利分给这位朋友，他得到的仍是固定的月薪而已。这位朋友很快就被另一家同行公司"挖"走，这位朋友对那位董事长也疏远了。由此，失去了这位朋友，这位董事长也失去了很多赚钱的机会。

这位董事长是位典型的具有独占利益观念的人。也许他也想到这样做不好，可是原始的贪财之心使他原谅了自己。这位董事长既有能力又有经验，只是他的独占之心限制了他事业的发展。

有些人在还没有赚钱之时，也许有这样的想法："等赚了钱，我一定要好好回报他们。""要是赚了钱，我一定把其中几分之几拿出来，分配给大家。"可是一旦钱赚到手，想法则完全变了，稍有良心的，只拿出少之又少的一部分来"犒劳"大家。这样的人，太贪心，最终结局一定是众叛亲离。

舍己为人，亏己利人，薄己厚人，损己益人，把持着这四项基本观念，人们就会心悦诚服。

人有困难我就周济他，人有危难我就解救他，人有所想我就随他所想。这样愿望就能达到，幸福就会归来，祸害就会免除，纯粹是一片仁人的胸怀。

所以孔子说："以富贵而下人，何人不尊；以富贵而爱人，何人不亲。"以我的富而能富他人的人，想贫也不可能了；以我的贵而能贵他人的人，想贱也不可能了；以我的达而能达他人的人，想穷也不可能了。

1995年8月，在中央电视台的一个节目上，有主持人称李嘉诚为香港首富，李嘉诚道："不，我跟你讲：所谓首富大家都明白，这是一个错误。在香港比我有钱的人不少，我不可以讲他们的名字，然而香港人都明白。但，富要看你是怎样富的……"李嘉诚并不在乎首富这个桂冠，他更看重的是问心无愧和富有以外的东西。李嘉诚对自己的所作所为是值得自豪的。姑且不论李嘉诚对香港经济繁荣起到多么重大的作用，单说对内地投资数百亿港元，独资创办汕头大学及其善举义行，足以让他应该有所得。

一个人在选择人生时，其实也在选择态度。态度决定一切。谁懂得付出与给予，他人生的结局总不会太坏。高尔基也说："给予别人，永远比向别人索取愉快。"

我们懂得付出，就永远有可以付出的资本；我们贪图索取，就永远有必须索取的企求。付出越多，收获越大；索取越多，收获越小。这种惯性趋势时刻操纵着我们，我们生活的状态就像滚雪球似的，越滚越大。只要我们养成付出、给予的习惯，我们就会拥有越来越多的可供付出、给予的资本。

一天，一个哲学家问他的学生们："世界上最可爱、最宝贵的财富是什么？"学生们听了，便争先恐后地站起来回答，各抒己见。最后一个学生回答道："世界上最可爱、最宝贵的东西，是爱心。"那位哲学家说："的确，他们所有的回答，都被你这两个字所包含，因为爱心比那千万家产有价值得多。而且有这种财富的人，常不用花一分钱的代价，也能做出伟大的事业。"

绝非虚言。人生的美德中再没有比爱心来得更宝贵的了。它是一切美好事物的源头。"如果把爱拿走，地球就变成一座坟墓了。"而当你献出心中的爱时，得到的爱会成倍地增加，甚至一个小小的爱心之举就会改变你的命运。

韩国韩进企业集团的董事长赵重熏，原来只是在仁川干货运生意的一名司机。由于当时干司机这一行业是很低贱的工作，所以他设立的韩进商场发展得一直很慢。使他真正发达起来的转折点，就是他做了富有爱心的一件事。

一天，赵重熏由汉城开车前往仁川，经过富平时，看到路旁有辆抛锚的轿车，是位美国女士的。他马上下车热心地帮这位美国女士修好了车。令人意想不到的是，这位女士竟然是驻韩美军高级将领的夫人，她在感激之余把赵重熏介绍给自己的丈夫，从此，这位企业家开始真正地起飞了。因为当时朝鲜战争结束不久，韩国国内物资极度匮乏，全靠美军援助。在这位驻韩美军高级将领的帮助下，赵重熏接下了美援物资运输这笔大生意，他开始日进斗金，快速发展起来。

如今，韩进企业集团包括大韩航空在内，一年总营业额为12000亿元韩币。而这一切成就的根源，就是赵重熏的爱心。

爱心的力量不可估量，它是一个人走向成功的内在动力。它不仅可以让你心灵得到满足，重要的是，你献出爱心的同时，他人会同样记住你的爱心，在你需要帮助的时候，他们也就会真心实意地支持你。

爱是一种能力，一种态度，是一门需要修养和努力的艺术，其基础就是给予、关心、责任感、尊敬和了解。如果你不努力掌握经营爱心的艺术，那么，你的所有的经营意图都注定不成功。因为要想赢得别人的"爱"，必须先从关爱别人开始。对爱心吝啬的人，只能得到别人的冷遇而走向失败。

不思奉献的人应该醒悟了。只有奉献才能使生活真正变得有意义，才能在这世界上留下有意义的东西。

——网易网友太上小君

赞扬他人

一个完全只关注自我的个体是社会生活中的畸形人。
——阿德勒《儿童的人格教育》

打动人最好的方式就是真诚的欣赏和善意的赞许。"士为知己者死"，世界上有两件东西比金钱和性命更为人们所需要，那就是认可和赞美。

赞美不是好话连篇乱说一通，那样听的人也会不舒服，结果只会适得其反。赞美也要有原则：首先，赞美要出自真心，情真意切才有魅力，不能无中生有。言不由衷的赞美是一种谄媚，只会招来厌恶。其次，赞美要恰到好处，点到为止，一旦过了头就成了奉承，不但收获不到交际成功的微笑，反而会陷入尴尬的境地。

学会寻找赞美点非常重要，只有这样，才能让你的赞美显得真诚。这就需要我们带着欣赏的目光去发现别人身上的闪光点。即便那个闪光点很小，小到微乎其微，也不要吝啬你的赞美。

韩国某大型公司的一个清洁工，本来是一个最被人忽视、最被人看不起的角色。但就是这样一个人，却在一天晚上与偷窃公司保险箱的小偷进行了殊死搏斗。事后，有人为他请功并问他的动机时，答案却出人意料。他说：当公司的总经理从他身旁经过时，总会赞美他"你扫的地真干净"。

赞美有一种神奇的力量，可以使被赞美的人奋发向上、积极进取。真诚的赞美与鼓励，能满足人的荣誉感，令他终身难忘。

生活中处处有值得赞美的地方，任何人都有他的优点和长处。虽然他可能没有漂亮的容貌，但是却有着"优雅的气质"和更为重要的"善良的心灵"；做工不甚讲究的衣服，也许质地优良；事业不很顺心的人，可能有着完美的令人羡慕的家庭……总之，只要你愿意，并且以真诚之心去发现，一个人总会有值得你赞美的地方的。赞美是一门需要修炼的艺术，只要你窥破了它的"秘诀"，你不但能赞美别人，而且能如愿地得到别人的赞美。

著名体育评论人宋世雄一次"打的"到中央电视台转播一场比赛。司机将他送到电视台后说："宋老师，转播完球赛都深夜1点了，您这么辛苦，我夜里1点钟再回来接您吧！"多年以后，宋世雄回忆说："人生当中，还有什么比这种真挚的关心和赞美更珍贵呢？这位终日在大街小巷中奔忙的司机并不懂公关技巧、公关心理，但他有一颗关爱别人的善良之心。"这位司机一句源自真心的话语，将自己对宋世雄的赞美之情表露无遗，感人肺腑。因此，赞美有时没有必要刻意修饰，遣词造句，只要是源于生活、发自内心的真情流露，就会收到很好的效果。

约翰·卡尔文·柯立芝于1923年登上美国总统宝座。这位总统以少言寡语出名，常被人们称为"沉默的卡尔文"。

柯立芝有一位女秘书，人长得年轻又漂亮，但是她的工作却屡屡出问题，不是字打错了，就是时间记错了，这些给柯立芝的工作带来很多的麻烦。

有一天早晨，女秘书一进办公室，柯立芝就夸奖她的衣服很好看，盛赞她的美丽，女秘书受宠若惊，要知道总统平时是很少这样夸奖人的。柯立芝接着说："相信你的工作也可以像你的人一样，都办得很漂亮。"

果然，从那天起，女秘书的公文就再没有出现过什么错误。

一位朋友知道了这件事，就好奇地问总统："你这个方法很妙，是怎么想出来的？"

柯立芝笑一笑："这很简单，你看理发师帮客人刮胡子之前，都会先涂上肥皂水，这样做的目的就是让别人在刮胡子时不会觉得疼痛，我不过就是用了这个方法而已！"

我们每个人都有虚荣心，而让人满足虚荣心的最好方法就是让对方产生优越感。让人产生优越感最有效的方法是对于他自傲的事情加以赞美。若对方的优越感被满足了，则他们的警戒心也自然消失了，彼此距离也拉近了。

有这样一个故事：

美国费城的华克公司承包了一项建筑工程，预定于一个特定日期之前，在费城建立一幢庞大的办公大厦。一切都照原定计划进行得很顺利，大厦接近完成阶段，突然，负责供应大厦内部装饰的铜器承包商宣称，他无法如期交货。如此一来整幢大厦耽搁了！如果不能如期交工，公司将承受巨额罚金。

长途电话、争执、不愉快的会谈，全都没效果。于是公司经理高先生决定亲自前往纽约，与那个铜器承包商面谈。

"你知道吗？在布鲁克林区，有你这个姓氏的，只有你一个人。"高先生走进那家公司董事长的办公室之后，立刻就这么说。

董事长很吃惊："不，我并不知道。"

"哦，"高先生说，"今天早上，我下了火车之后，就查阅电话簿找你的地址，在布鲁克林的电话簿上，有你这个姓的，只有你一人。"

"我一直不知道。"董事长说。他很有兴趣地查阅电话簿："嗯，这是一个很不平常的姓，"他骄傲地说，"我这个家族从荷兰移居纽约，几乎有两百年了。"一连好几分钟，他继续说到他的家族及祖先。

当他说完之后，高先生就恭维他拥有一家很大的工厂："我从未见过这么干净整洁的铜器工厂。"

"我花了一生的心血建立这个事业，"董事长说："我对它感到十分骄傲。你愿不愿意到工厂各处去参观一下？"

在这段参观活动中，高先生恭维他的组织制度健全，并告诉他为什么他的工厂看起来比其他的竞争者效率更高，以及好处在什么地方，高先生还对一些不寻常的机器表示赞赏，这位董事长就宣称这些是他发明的，他花了不少时间，向高先生说明那些机器如何操作，以及它们的工作效率多么良好，他坚持请高先生吃中饭。

吃完中饭后，董事长说，"现在，我们谈谈正事吧。自然，我知道你这次来的目的。我没有想到我们的相会竟是如此愉快，你可以带着我的保证回到费城去，我保证你们所有的材料都将如期运到，即使其他的生意都会因此延误我也不在乎。"

高先生一句话也没有提到此次访问的真正目的，就如愿完成了任务。那些器材及时运到，大厦就在契约期限届满的那一天完工了。用赞扬的方式开始，就好像牙医用麻醉剂一样，病人仍然要受钻牙之苦，但麻醉却能消除苦痛。试想一下，如果高先生使用大多数人在这种情况下所使用的那种大吵大闹的方法，你想这种美满的结果会发生吗？要想改变一个人而不伤感情，不引起憎恨的话，应该学会从赞美开始。因为赞扬表达了我们对他人的关注，也因为赞扬给了他人一个好心情，使对方由紧张、戒备到轻松、愉快，双方很快便可以熟悉起来。可以说，赞美是建立人与人之间的友谊的源泉，是一种理想的黏合剂。

历史上，戴维和法拉第的合作是一个典范。

法拉第没有和戴维相识前，就给戴维写信："戴维先生，您的讲演真好，我简直听得入迷了，我热爱化学，我想拜您为师……"

收到信后，戴维便约见了法拉第。

后来，法拉第成了近代电磁学的奠基人，名满欧洲，他也总是念念不忘戴维，说："是他把我领进科学殿堂大门的！"

戴维和法拉第就是用真诚的赞美来搭建桥梁的。可见赞美的功力有多大，它不但会把老相识、老朋友团结得更加紧密，甚至可以把互不相识的人连在一起。我们还有什么理由不去赞美他人呢？

有些人心中虽然承认对方的价值，却不说出口，认为"这有什么好说的"。但他们错了！每个人都希望别人能够肯定自己的优点和长处，在别人的称赞中，肯定自己的价值。

毫不吝惜地赞美是尊重别人的一种表达方式，更是建立良好人际关系的重要方法。所以，我们要尽可能在平日里多留意别人的优点和价值，并且在合适的时候把这种赞美说出来。

我们来看这样一个故事：有一位辛劳的部门经理病了，他的上司去医院看望他，并说了这样一段话："这真是个大好的机会啊！你可以乘机好好地静养一阵子了。公司你不必担心，没有你，公司可以照常营业，所以你不必牵挂公司的事情。"

上司这几句话可能是出于好意，原意是让生病的经理好好休息，但效果适得其反。上司的话让这位部门经理的身体感到一阵虚弱，因为他想听到的话，是"公司之所以有今天，全靠你这样得力的干将"。

第二天，部下来探望他时，说的是与上司截然不同的话："经理，你不在，公司整个就乱了，显然是少了一位果断、能干的管理人。希望你能早日康复，回到公司上班。"

听了这么一席话，部门经理一定在内心承认："真是我知心的部下啊！"

我们生活在重负的时代里——物质上、生活环境上都决定了我们不可能有太多的享受：想长生不老，不行；想上月球旅行，也只有那几个人可以。然而我们不要苦了自己，要创造个人的幸福。而要创造幸福，就要求我们用一种赞美的态度去欣赏我们周围的人和事物。当你赞美别人时，你也会得到同样的回报。

有一个故事，说的就是这个道理。一位女士搬来小镇住了几个月之后，向她的邻居抱怨本地药店老板的服务太差。她知道邻居是药店老板的朋友，希望邻居会把她的投诉转告店主。第二次她去药店里，老板微笑着欢迎她，又说十分高兴再见到她。他说希望她喜欢这个小镇，如果他能做点什么事情，帮助她和她丈夫在这个小镇定居下来，他会乐意去做。说完就迅速地给她配药。后来这位女士向她的邻居谈起这个奇迹般的变化时，她的邻居回答说："其实我只是告诉他，你对他能把这家小镇药店建立和经营起来很惊讶。你认为他的药店是你见过的经营得最好的药店。"

赞美可以缩短人与人之间的距离，为我们赢得友情和坚强的团体。然而赞美的最大好处还在于使被赞美者获得提高：你赞美一个人勇敢的时候，这个人会变得更加勇敢；你赞美一个人正直的时候，这个人会变得更加正直。

赞美别人照亮了我们的生活，也创造了我们和谐的工作环境。在很多人脑海里有一个普遍的观念是"同事是敌人"，因而他们对于周围的人取得的成绩，爱嫉妒、爱贬低或喜欢从侧面去找岔子。有位大学生在刚参加工作的时候也是这样：那一年评"先进工作者"没有他的名，虽然他从业务素质到实干精神自认为不错。第一天他为此而伤脑筋睡不着觉，甚至想起了被评上的那位同事的几个不足，他真想破门而出批评评奖的不公正！可是他转而想了一下自己的不足，又认为采取另一种方式会更好：大家都是同事，共事的时间还很长，不要为这种小事而破坏了关系。第二天他便向被评上者表示祝贺。他对别人的赞美态度使他一下子解脱了出来，而且他们的友情也从此开始了。其实，在很多同事或朋友之间，这种和谐的气氛就是通过互相赞美而产生的。

在实际生活中，赞美帮助我们赢得了朋友。我们所拥有的众多朋友，都是因为我们在内心深处赞美他们、接受他们而获得的，因为这些朋友都在这方面或那方面拥有我们不能有的优点。我们赞美他们，他们也赞美我们，彼此之间的距离也就缩短了。我们并不要求他们与我们有相同的文化、相同的成长背景、相同的专业爱好。我们只求他们其中的一点，或诚实可靠，或处事稳健，或富于幽默感，就足以"使我惭愧、促我自新"了。

英国作家莎士比亚曾经说过这样一句话："赞美是照在人心灵上的阳光。没有阳光，我们就不能生长。"英国政治家丘吉尔说过："你要别人具有怎样的优点，你就要怎样地去赞美他。"心理学家威廉姆·杰尔士也说过这样一句话："人性最深切的需求就是渴望别人的欣赏。在人与人的交往中，适当地赞美对方，会增强这种和谐、温暖和美好的感情。你的存在价值也就被肯定，使你得到一种成就。"实事求是的而不是夸张的赞美，真诚的而不是虚伪的赞美，会使对方的行为更增加一种规范。赞赏可以鼓励他人，赞美具有一种不可思议的推动力量。对他人的真诚赞美，就像荒漠中的甘泉一样让人心灵滋润。许多杰出的音乐家或运动员大多是年幼时参与一些活动时表现优异，因受到赞赏，而激发出潜力的，所以在后来的专业领域中能大放异彩。

赞美他人，是一件使人与人之间感情融洽的、于人于己有益无害的事情。真诚地、恰当地赞美他人，则好似增强人与人之间友谊的润滑剂，使自己容易被人接受。如果我们与人交往时易被人接受，易使人亲近，这无疑会给我们增添许多信心，使我们更大胆地说话，更有勇气参加社交活动。所以，从某种意义上说，能够艺术、中肯地赞美他人，也会增添我们说话的信心和魅力。

赞美除了可以使每个人感觉愉快之外，也可以表现出一个人的特质。有些人很吝啬赞美别人，因为他很少注意别人。有人曾经对一群结过婚的夫妇做过一次研究，要求每个人写下他另一半的任何15项优点。大部分人都未能完成答卷。更令人惊讶的是，有些人竟然连一个字也没写出来。多么可悲的婚姻关系啊！两个人长年累月相处在一起，竟然写不出半点对方的好处！

没什么东西比表扬更能启动人的积极性。我们怎么期待别人，别人就怎么回应。我们夸奖一个人干得好，他就会更加努力，希望自己干得更好。

以下是赞美的几个技巧：

1. 赞美要因人而异

赞美要根据不同人的年龄、性别、职业、社会地位、人生阅历和性格特征等进行。比如男性就不宜过多地赞美女性的容貌。对青年人就应多赞美他的创造才能或开拓精神；对老年人赞美他身体健康、富有经验就比较适合。

2. 赞美话题要有分寸

赞美本身往往并不是交际的目的，而是要为双方进一步交往创造一种融洽的气氛。比如看到电视机、电冰箱，先问问其性能如何；看了墙上的字画，就谈字画的欣赏知识，然后再借题发挥地赞美对方的工作能力和知识阅历，从而找到双方的共同语言。千万不要用挑剔的口吻。即使看到某些不足，也不必过于认真，以免使对方情绪不快。

3. 赞美语言要恳切

语言恳切，会增强赞美的可信度。在赞美的同时，明确地说出自己的愿望，或者有意识地说出一些具体细节，都能让人感到你的真诚，而不会以为是过分的溢美之词。如你赞美别人的发型，可问及是哪家理发店理的，或说明你也很想理这样的发型。

4. 赞美要注意场合

在众人在场的情况下，赞美其中某一个，必然会引起其他人的心理反应。比如你赞美某次考试成绩好的人，那么在场的参加同次考试成绩较差的就会感到不愉快。这时你就要寻找某些因素，如某人复习时间太短，某人出差回来仓促上阵等客观原因来照顾他们的面子。

5. 赞美要措词精当

措词精当，不易使人产生误解。在现实生活中，往往会出现这样的事，说话者好心，而听话者却当成恶意，结果弄得不欢而散。因而赞美的语意要明确，避免听话者多心。

6. 求助时赞美的技巧

有求于人时，先赞美人家，使人心情愉悦，比较容易达到目的。求人办事，不同的语言态度，其结果也往往大不相同。比如你说："这件事一定得求你帮忙。"就不如说："你一向乐于助人，这件事我想你一定会帮我办好的。"前者只是一般的请求，而后者在请求之中，还带有一种赞美之情和充分的依赖感。在一般情况下，人家也就不好拒绝你的请求了。

7. 用赞美打破无法交谈的困境

当你和某人面面相觑时，不妨说些好听话赞美对方。比如可以对男人说："你的领带真漂亮。"而男子则可对女子说："我想大家都愿意请你参加他们的晚会。"女子可以对另一个女子说："你的衣服实在好看！"

> 没有人能够成为永远的第一名，优秀的人也必须学会欣赏他人，才能更加优秀。
>
> ——新浪网友神龙天下

超越自卑，要注重身心协作

摒弃嫉妒心

> 妒忌，这个野心的姐妹，是一种能够持续终生的性格特征，它来
> 自于受忽视的感觉和受歧视的意识。
>
> ——阿德勒《理解人性》

何谓嫉妒？

英国文学家和哲学家弗朗西斯·培根写过一篇《论嫉妒》的文章，对嫉妒作过精彩的分析。他写道：

"好嫉妒别人的是这样的一些人：无德无才之人，他们不能从别人身上的优点中取得养料，必定找别人的缺点来作为养料，用败坏别人幸福的办法来安慰自己，其自身缺乏某种美德，以贬低别人的这种美德来实现两者平衡；好打听闲话者，他们以发现别人的不愉快，来使自己得到一种赏心悦目的愉快，嫉妒是一种四处游荡的情欲，只有闲人才能享有它，而所有埋头自己事业的人，根本没工夫去嫉妒别人；有某种难以克服的缺陷的人，他们因为自己的缺陷无法补偿，需损伤别人来求得补偿；经历过巨大灾祸和磨难的人，这些人乐于把别人的失败看做对自己过去所历痛苦的抵偿；虚荣心甚强的人，他们不能看到别人在一件事业中总是强于他们，他们不能容忍同事或他们非常熟悉的人被提升。"

那么，好嫉妒的人会采取什么样的行为来危害他人呢？

一是想方设法贬低他人的优点和长处，想方设法抹杀他人的成果。明明是黑的，他却说是白的；明明获得的成果有十条，他却只说二三条；明明他人获得的成果具有广泛的社会应用性，他却大指特指应用的局限性。总之，诚如黑格尔所说："有嫉妒心的人，自己不能完成伟大事业，便尽量去低估他人的伟大，贬抑他人的伟大性使之与他本人相等同，以此来使自己的心理获得'平衡'。"

二是想方设法算计他人。这类人整人很有一套本领，当他发现从正面无法抹掉他人的成果时，于是通过搜集他人"隐私"的方法将其打倒、搞臭。最常见的是用所谓的"男女关系"、"生活作风"之类的"桃色新闻"，一时间搞得满城

风雨，将人搞得狼狈不堪。有的蛮有才气的人，并没有失败在自己的事业上，然而却惨败于嫉妒者发出的莫须有的"秘闻"之中。

三是想方设法地整倒、告倒被嫉妒的人。好嫉妒的人总会拼上一股子邪劲，上蹿下跳，到处找领导，到处写黑信，写匿名信，对那些真的、假的，道听途说的、自己捏造的，都统统列上，给他嫉妒的对象列"罪状"，这些"罪状"中，只要任何一条"成立"，都可将他人置于死地。碰到个糊涂的或过于认真的或本身就有嫉贤妒能毛病的上级，于是便认假为真，一查就查它个把年，尽管最后都落实了澄清了，但是，那些被嫉妒者却都因此错过了发展的"大好时机"和"关键时刻"。对嫉妒者来说，这也就算是达到了目的。

四是当发现所有的手段都使尽，都无效时，于是自己便赤膊上阵，或是像泼妇骂街似的咒骂对方，或是在群众面前公开地散布流言蜚语。这时的他，似乎大有"豁出去"的那股子劲，他也做了充分的"准备"：最坏的结果不就是"两败俱伤"吗，反正他除了嫉妒之外已经再没有别的本事了。

嫉妒会使人失去心态的平衡，会使人失去抑制力、判断力，会使人失去良知和教养，会使人变得疯狂。它不但危害嫉妒者本人，更是危害众人乃至社会健康发展的一种"黄疸病"。

老张是位老员工，业务过硬，为人也忠诚可靠，但由于不会"来事儿"，多年来一直未能得到重用。看着一些比自己资历浅，能力也未必在自己之上的人，凭着擅长领会领导意图、溜须拍马，在职场青云直上，老张的心里颇为愤懑，时常对同事发一些牢骚。

而小梅刚刚毕业，看着同办公室的小媚凭着漂亮脸蛋和一张会说话的小嘴，把主任哄得天天眉开眼笑，醋意大增，时常背后说些风凉话："有什么了不起，看她都快成主任的'小蜜'了。"

很多人都曾有过和老张、小梅类似的经历。多数人遇上这样的事情，虽然心里不满，但能顺其自然，不过分计较，也有的人则会对此耿耿于怀，或者直接找领导去辩理，或和他看不惯的人吵架，或者悄悄地用心计，和自己的"假想敌"争宠，勾心斗角。也有的人则把对"假想敌"和领导的不满长期压抑在心里，一个人生闷气，甚至因此闷出病来。这些情况都可以称为是"职场嫉妒症"。

嫉妒，从某种意义上来说，是人类的一种普遍的情绪。现代社会是一个崇尚成功的社会，然而在激烈的竞争当中，有人成功，就必然有人失败。失败之后所产生的由羞愧、愤怒和怨恨等组成的复杂情感就是嫉妒。

嫉妒的特点是：针对性——与自己有联系的人；对等性——往往是和自己职

业、层次、年龄相似而超过自己的人；潜隐性——大多数嫉妒心理潜伏较深，体现行为时较为隐秘。

嫉妒常常会导致中伤别人、怨恨别人、诋毁别人等消极的行为。嫉妒往往是和心胸狭隘、缺乏修养联系在一起的。心胸狭隘的人会因一些微不足道的小事而产生嫉妒心理，别人任何比他强的方面都成了他嫉妒的缘起。缺乏修养的人会将嫉妒心理转化成消极的嫉妒行为，严重地破坏人际关系。

西班牙作家赛万提斯指出："嫉妒者总是用望远镜观察一切。在望远镜中，小物体变大，矮个子变成巨人，疑点变成事实。"嫉妒是对与自己有联系的、而强过自己的人的一种不服、不悦、失落、仇视，甚至带有某种破坏性的危险情感，是通过把自己与他人进行对比，而产生的一种消极心态。当看到与自己有某种联系的人取得了比自己优越的地位或成绩时，便产生一种嫉恨心理；当对方面临或陷入灾难时，就隔岸观火，幸灾乐祸；甚至借助造谣、中伤、刁难、穿小鞋等手段贬低他人，安慰自己。因此有必要对其进行克服。

为了缓解自己的失败带来的心理上的不平衡感，可以找一些理由，使自己不再嫉妒别人。可以说"我的运气不太好而已"，"这样的成功没有什么价值"，以此排解心中不满，避免产生嫉妒。这种方法只是权宜之计，不能过分使用，否则可能又会产生其他消极的心理障碍。

一个人在嫉妒别人时，总是注意到别人的优点，却不能注意自己比别人强的地方。其实任何人都有不如别人的地方，当别人在某些方面超过我们时，我们可以有意识地想一想自己比对方强的地方，这样就会使自己失衡的心理天平重新恢复到平衡的状态。

对别人产生了嫉妒并不可怕，关键要看你能不能正视嫉妒。如果能把嫉妒转化为成功的动力，化消极为积极，往往会使你赶上甚至超过别人。这一切都取决于你自己。

正因为嫉妒产生的消极作用，所以我们要努力地克服它。当我们有很多事情要做时，我们就无暇去嫉妒别人。因此，积极参与各种有益的活动，努力学习，勤奋工作，使自己真正充实起来，那么，嫉妒的毒素就不会滋生、蔓延。

小A与小B是某艺术院校大三的学生，同在一个宿舍生活。入学不久，两个人就成了形影不离的好朋友。小A活泼开朗，小B性格内向，沉默寡言。小B逐渐觉得自己像一只丑小鸭，而小A却像一位美丽的公主，心里很不是滋味。她认为小A处处都比自己强，把风头占尽，于是时常以冷眼对小A。大学三年级，小A参加了学院组织的服装设计大赛，并得了一等奖。小B得知这一消息先是痛不欲生，而后妒火中烧，趁小A不在宿舍之机将小A的参赛作品撕成碎片，扔在她的床上。小A发现后，不知道怎样对待小B，更想不通为什么自己要遭受这样的对待。

小A与小B从形影不离到反目成仇的变化令人十分惋惜。引起这场悲剧的根源，关键是两个字——嫉妒。嫉妒心理是一种损人害己的病态心理，严重影响自己的身心健康，那么如何克服呢？

（1）认清嫉妒的危害

嫉妒不仅打击别人，也会伤害自己、贻误自己。遭到别人嫉妒的人自然是痛苦的，而嫉妒别人的人一方面影响了自己的身心健康，另一方面由于整日沉溺在对别人的嫉妒之中，没有充沛的精力去思考如何提高自己，恰恰又继续贻误了自己的前途，可以说害处多多。认清这些是走出嫉妒误区的第一步。

（2）克服自私心理

嫉妒是个人心理结构中"我"的位置过于膨胀的具体表现。总怕别人比自己强，对自己不利。因此，要根除嫉妒心理，首先要根除这种心态的"营养基"——自私。只有驱除私心杂念，拓宽自己的心胸，才能正确地看待别人，即常说的"心底无私天地宽"。

（3）正确认知

客观公正地评价别人，也要客观公正地评价自己。别人取得了成绩并不等于自己的失败，"人贵有自知之明"。强烈的进取心是人们成功的巨大动力，但冠军只有一个，尺有所短，寸有所长，一个人不可能事事都走在人前，争强好胜不一定就能超越别人。一个人只要客观地认识自己的优势和劣势，现实地衡量自己的才能，为自己找到一个恰当的位置，就可能避免嫉妒心理的产生。

（4）将心比心

将心比心是老百姓常说的一句俗语，在心理学上叫"感情移入"。当嫉妒之火燃烧时不妨设身处地地为对方着想，扪心自问："假如我是对方又该如何呢？"运用心理移位法，可以让自己体验对方的情感，有利于理解别人，有利于防止不良的心理状态的蔓延，这是避免嫉妒心理行之有效的办法之一。

（5）提高自己

嫉妒的起因就是看不惯别人比自己强。如果能集中精力，不断地学习、探索，使自己的知识、技能、身心素质不断得到提高，那么，也可以减少嫉妒的诱因。而且，丰富多彩的课余生活将自己的闲暇时间填得满满的，自然也就减少了"无事生非"的机会，这也是克服嫉妒心理最根本的方法之一。

（6）完善个性因素

大凡嫉妒心理很强的人，都是心胸狭窄、多疑多虑、自卑、内向、心理失衡、个性心理素质不良的人。努力完善自己的个性因素，提高自己的心理素质，以健康的心态面对生活。

（7）树立正确的竞争意识

以公平、合理为基础的竞争是向上的动力，对手之间可以互相取彼所长，共同进步，因此还必须建立正确的竞争意识。嫉妒是人类心灵的一大误区，祝愿所有的朋友自觉克服嫉妒心理，走出心灵误区，成为身心健康的栋梁之才。

《战国策·楚策四》和《韩非子·内储说下》记述了楚王夫人郑袖妒害美人而采取的掩鼻之计。魏王给楚王送来一位美人，楚王非常喜爱。夫人郑袖顺承楚王之意，也很喜欢新来的美人，她为美人购来衣服玩好，备下宫室卧具，一任美人选择，其喜爱美人的程度超过了楚王。楚王知道郑袖不嫉妒美人，很感激她。

这时，郑袖对美人说："大王很喜欢你的漂亮容颜，但不喜欢你的鼻子，你以后见了大王，就用手掩住自己的鼻子。"美人照郑袖说的办了。楚王见美人一到自己跟前就掩鼻子，就向郑袖询问原因，郑袖遮遮掩掩地回答不知道。楚王一再逼问，郑袖回答说："不久前她曾说大王身上有臭味，她闻见难受。"楚王听了非常生气。次日，楚王又召郑袖、美人三人同坐，郑袖事先告诫楚王身旁的人说："大王今天如有命令，必须立即执行。"三人坐下后，楚王让美人靠前，美人又遮掩了鼻子，楚王勃然大怒，下令割掉美人的鼻子，身旁持刀人立即执行了命令。

郑袖先以讨大王更为欢心的名义诱骗美人掩鼻，然后又向楚王另说一套，诬陷美人掩鼻是遮掩楚王臭味。在郑袖的引诱煽动下，美人和楚王对掩鼻各有了不同的理解，美人为讨楚王欢心，每见楚王辄掩鼻，楚王则将掩鼻看成是对自我尊严的严重伤害。可以想象，没有鼻子的美人再也难得楚王宠爱，郑袖除掉情敌的图谋可谓是暗箭难防。

日常生活、工作中这种妒忌却又是无时不有，无处不在。朋友之间，同学之间，甚而兄弟姐妹之间，也都会出现妒忌现象。由于每个人所处的社会环境、家庭环境不同，所获得社会和他人对你的认同也相应不同。人在一起工作生活，自然要相互攀比，而妒忌也就是通过比较，看到他人的卓越之处、成功之处，而使自己产生了羡慕、烦恼和痛苦，于是对别人的才能、地位、名誉优越于自己而产生了怨恨。

对任何人讲忍受别人的长处，克制自己的妒忌心态，并不是一件轻而易举的事情。看到别人比自己强，心中自然不平衡、不舒服，尤其是此时再遇到一些不顺利的情况，那就不仅仅是妒忌了，甚而有些人为此付出昂贵的代价，以不正当的手段去打击别人，自己也同样受害不浅。所以妒忌心要忍。忍妒忌不是不承认别人的优点、业绩，而是要正确地认识他人的成绩，不自卑、不自满。正确地评价他人，评价自我，从而克制和避免妒忌心的形成。

妒忌他人是无能的表现，也是可悲的。正常地发挥自己的才能，容忍他人强过自己，努力提高自己的水平，不怕别人妒忌，也不去妒忌他人，这是忍妒祛忌的好方法。

佛经上有一则故事——摩伽陀国有一位国王饲养了一群象。象群中，有一头象长得很特殊，全身白皙，毛柔细光滑。后来，国王将这头象交给一位驯象师照顾。这位驯象师不只照顾它的生活起居，也很用心教它。这头白象十分聪明、善解人意，过了一段时间之后，他们已建立了良好的默契。

有一年，这个国家举行一个大庆典。国王打算骑白象去观礼，于是驯象师将白象清洗、装扮了一番，在它的背上披上一条白毯子后，才交给国王。

国王就在一些官员的陪同下，骑着白象进城看庆典。由于这头白象实在太漂亮了，民众都围拢过来，一边赞叹、一边高喊着："象王！象王！"这时，骑在象背上的国王，觉得所有的光彩都被这头白象抢走了，心里十分生气、嫉妒。他很快地绕了一圈后，就不悦地返回王宫。一入王宫，他就问驯象师："这头白象，有没有什么特殊的技艺？"

驯象师问国王："不知道国王您指的是哪方面？"

国王说："它能不能在悬崖边展现它的技艺呢？"

驯象师说："应该可以。"

国王就说："好。那明天就让它在波罗奈国和摩伽陀国相邻的悬崖上表演。"

隔天，驯象师依约把白象带到那处悬崖。国王说："这头白象能以三只脚站立在悬崖边吗？"驯象师说："这简单。"他骑上象背，对白象说："来，用三只脚站立。"果然，白象立刻就缩起一只脚。

国王又说："它能两脚悬空，只用两脚站立吗？""可以。"驯象师就叫它缩起两只脚，白象很听话地照做。

国王接着又说："它能不能三脚悬空，只用一脚站立？"驯象师一听，明白国王存心要置白象于死地，就对白象说："你这次要小心一点，缩起三只脚，用一只脚站立。"白象也很谨慎地照做。围观的民众看了，热烈地为白象鼓掌、喝彩！

国王愈看心里愈不平衡，就对驯象师说："它能把后脚也缩起，全身悬空吗？"

这时，驯象师悄悄地对白象说："国王存心要你的命，我们在这里会很危险。你就腾空飞到对面的悬崖吧？"不可思议的是这头白象竟然真的把后脚悬空飞起来，载着驯象师飞越悬崖，进入波罗奈国。

波罗奈国的人民看到白象飞来，全城都欢呼了起来。国王很高兴地问驯象师："你从哪儿来？为何会骑着白象来到我的国家？"驯象师便将经过一一告诉国王。国王听完之后，叹道："人为何要嫉妒一头象呢？"

人生在世，一定要有一颗平静和睦的心，切不可心怀嫉妒。俗话说："己欲立而立人，己欲达而达人"。别人有所成就，我们不要心存嫉妒，应该要平静地看待别人所取得的成功，这是拥有幸福人生的秘诀。

另外，何必总巴望别人不如自己呢？一个人的能力毕竟有限，更何况长江后浪推前浪，谁能拥有永久的辉煌？嫉妒非但于事无补，还会让人看出道德水平的低下。所以，我们不如以泰然的心情和坦荡的情怀，心平气和地接受自己在某些方面确实不如别人的现实，用一种平和、学习、欣赏的态度去看待别人的长处，让自己活得轻松一点、开心一点。

两只老鹰，一只飞得快，一只飞得慢，那只飞得慢的就很嫉妒那只飞得快的。

一次，飞得慢的老鹰对一个猎人说："前面有只老鹰飞得很快，你能射死它吗？"

猎人说："可以，只是我的箭上缺少一根羽毛，请拔下你身上的一根。"

老鹰就拔下一根让猎人射，但未射中。猎人说："还得再拔一根。"

老鹰说："好。"便又拔了一根，然而猎人又未射中。这样，一支一支地射去，鹰毛一根一根地拔下。飞得慢的老鹰把羽毛拔完了，猎人也没射中飞得快的老鹰；见没希望了，它便想飞离，可怎么也飞不起来了。结果，它自己成了猎人的猎物。

从心理学角度分析，嫉妒是一种病态心理。当看到别人在某些方面高于自己（有时候仅是一种似乎的感觉）或顺利时，于是产生一种由羡慕转为恼怒忌恨的情感状态。

嫉妒的范围是很广的，包括嫉人、嫉事、嫉物。手段也多种多样，有的挖空心思采用流言蜚语进行恶意中伤，有的付诸于手段卑劣的行动。报纸上曾经刊载过这么一则消息：有个女人嫉妒人家的一个男孩长得好，竟然将那男孩掐死扔进井里。当然，这是极端嫉妒者的典型。

嫉妒是心灵的地狱，是笼罩在人生道路上的乌云，总是以恨人开始，以害己告终。

嫉妒的人总是拿别人的优点来折磨自己，无端生出许多怨恨，自寻烦恼。正如巴尔扎克所说："嫉妒者比任何不幸的人更为痛苦，别人的幸福和他自己的不幸，都将使他痛苦万分。"

大千世界，五彩缤纷，存在着生长嫉妒的土地与温床；人口众多，形形色色，从涉世不深的年轻人到历经坎坷的老年人，深受嫉妒心理之害并不少见。嫉妒破坏友谊、损害团结，给他人带来损失和痛苦，既贻害自己的心灵又殃及自己的身体健康。因此，必须坚决、彻底地与嫉妒心理告别。要根除嫉妒心理并非易事。在别人优于却不损害自己时，又有谁愿意产生毫无意义的痛苦反应呢？又有谁能够轻易摆脱嫉妒呢？即使你充分论证了嫉妒的错误性，即使你下了最大的决心，尽了最大的努力……结果总是令人失望。这是因为嫉妒是一种本能的情绪反应，理性和意志在它面前往往无能为力。

但是，这并不是说我们在嫉妒面前就束手无策。嫉妒心理产生的根源是极端个人主义思想在作祟。有极端个人主义思想的人，一事当前，先替自己打算，对个人利益斤斤计较；自崇心理强烈，自诩"老子天下第一"，习惯于贬低别人，容不得他人有超前的现实；心胸狭窄，心境阴暗，很多思想都是见不得人的。

嫉妒产生的另一个原因是某种事实平衡被打破。所以，只要我们重建新的事实平衡，作为失衡心态的嫉妒就会失去存在的基础。培根说过："每一个埋头沉入自己事业的人，是没有工夫去嫉妒别人的，能享有它的只能是闲人"。他所说的"埋头沉入自己事业"，也就是积极进取，发展自己的事业，取得不亚于嫉妒对象的成功，从而建立新的事实平衡，这也许是根除嫉妒最为正确的途径。

治病治本，医治嫉妒心理必须认清嫉妒的危害，从克服极端个人主义思想入手，加强伦理道德修养，学会在感情的激流中驾驭理智的风帆，心胸豁达，待人以诚，从根子上断除导病之源。

鸟飞翔在天空，鱼邀游在海底，它们有各自的空间。鸟不嫉妒鱼的海底世界，是因为它有自己的蓝天白云，鱼不嫉妒鸟的蓝天白云，是因为它有自己的海底世界。当你有了自己的精彩天地，还会嫉妒别人的美妙世界吗？告别嫉妒心理吧，莫让它伤害他人、损害社会、贻害自己的身心健康。

我们要避免妒忌他人，也要注意不被他人妒忌。其实在许多成人中也有不同程度的嫉妒心，不过大多数成人能在产生嫉妒时借助丰富的生活经验，做出正确的判断，从而理智地控制自己的情感。但也有少数人由于消极情感失控，采取不良的行为寻求自己的心理平衡，甚至有些毁容、凶杀、偷盗、抢劫等案件的起因都是嫉妒。

隋代薛道衡，13岁时，能讲《左氏春秋传》；隋高祖时，作内史侍郎；炀帝时，任潘州刺史。大业五年，被召还京，上《高祖颂》。炀帝看了很不高兴，说："这只是文词漂亮。"拜司隶大夫。炀帝自认才高八斗而傲视天下之士，不想让他人超过自己。御史大夫乘机说道衡自负才气，不听驯示，有无君之心。于是炀帝便下令把道衡绞死了。天下人都认为道衡死得冤枉。他不正是锋芒毕露遭人嫉恨而命丧黄泉的吗？

那么，遇到这种情况怎么办呢？《庄子》中提出"意怠"哲学。"意怠"是一种很会鼓动翅膀的鸟，别的方面毫无出众之处。别的鸟飞，它也跟着飞；傍晚归巢，它也跟着归巢。队伍前进时它从不争先，后退时也从不落后。吃东西时不抢食、不脱队，因此很少受到威胁。表面看来，这种生存方式显得有些保守，但是仔细想想，这样做也许是最可取的。凡事预先留条退路，不过分炫耀自己的才能，这种人才不会犯大错。这是在现代高度竞争的社会里，看似平庸，但是却能以自己的方式生存的一种方式。

南朝刘宋王僧虔，是东晋王导的孙子，宋文帝时官为太子中庶子，武帝时为尚书令。年纪很轻的时候，僧虔就以善写隶书闻名。宋文帝看到他写在白扇子上面的字，赞叹道："不仅是字超过了王献之，风度气质也超过了他。"而宋孝武帝登基后，新皇想一人以书法名闻天下，僧虔便不敢露出自己的真迹。大明年间，僧虔常常把字写得很差，因此而平安无事。

所以有才华的人必须把保护自己也算作才华之列。

在洛阳有一位男子因与人结怨而处境困难。许多人出面当和事佬，但对方一句话也听不进去，最后只好请郭解出面，为他们排解纠纷。郭解晚上悄悄地造访对方，热心地进行劝服，对方逐渐让步了。如果是普通人，一定会为对方的转变而沾沾自喜，但郭解却不同。他对那位接受劝解的人说："我听说你对前几次的调解都不肯接受，这次很荣幸能接受我的调解。不过，身为外地人的我，却压倒本地有名望的人，成功地排解了你们的纠纷，这实在是违背常理。

因此，我希望你这次就当做我的调解失败，等到我回去，再有当地的有威望的人来调解时才接受，怎么样？"这种做法实在是异于常人，细想起来真是一种使自己免遭众人嫉恨的明智之举——既保护了自己，又留下了为人称道的美名。谁能说郭解不是大智之人呢？比较起来，那些极力显示自己才能的人，不过是小聪明罢了。

《老子·洪德》章说："大巧若拙，大辩若讷。"意思是最聪明的人，真正有本事的人，虽然有才华学识，但平时像个呆子，不自作聪明；虽然能言善辩，但好像不会讲话一样。无论是初涉世事，还是位居高官，无论是做大事，还是一般人际关系，锋芒不可毕露。有了才华固然很好，但在合适的时机运用才华而不被或少被人妒忌，避免功高盖主，才算是更大的才华。

人总有一种要求成功的愿望，有一种超过别人的冲动，这正是社会所希望的。但是，有些人在成功不了和超过不了别人的时候，产生了一种由羞惭、愤怒、怨恨等组成的复杂情感，这就是嫉妒。嫉妒一经产生，它便成了纷扰的源泉：看到别人成功了，就生气、难过、闹别扭；听说别人强于自己，就四处散布谣言，诋毁别人的成绩；发现几个人亲如家人，就想方设法去施"离间计"，等等。这样的嫉妒不仅妨碍了他人的生活，而且自食其果，给自己带来了极大的心理痛苦。

我们不如来点阿Q精神。你一定要不断提醒自己，在生活中不要期望过高。如果你坚持抱着一成不变的期望，不愿做任何事来改变减少你的期望，以衡量期望和现实之间的差距，那么你就会很快被激怒，从而产生嫉妒心理。根据莫菲定律："只要事情有可能出错，就一定会出错。"降低期望、明智看待事情，才不会留下满屋子的失望和挫折。

有这样两句诗："往事如烟俱忘却，心底无私天地宽。"要想改掉嫉妒的毛病，首先要加强个人的思想品德修养，破私立公，为他人的成功喝彩。"宰相肚里能撑船"，宽容大度是一种长者风范，智者修养。当你嫉妒别人时，一定要学会提醒自己嫉妒不仅害人，亦害己。

人的气量与人的知识修养有密切的关系。有句话说："读书使人明智。"经常读一些心理卫生学方面的书籍，对于开阔自己的胸怀有大的作用。一个人知识多了，立足点就会提高，眼界也会相应开阔，此时，就会对别人的成功、自己与别人之间的差距拎得起、放得下、丢得开，就会"大肚能容，容天下能容之事"。

降低你的期望不但可以减少你的嫉妒次数和强烈程度，还可以减少嫉妒的时间。随时调整你的期望，时刻保持清醒的头脑，你才会在嫉妒的乌云面前看到阳光。

人非草木，孰能无过？"圣贤唯以改过为能，不以无过为贵。"嫉妒之时多鼓励自己"我定要努力，超过他"。这确实是控制情绪的一个有效方法。每个人在生活中都难免有些过失，只要深刻反省、总结经验教训，就可以用实际行动来纠正、弥补过失。

> 嫉妒是一种自卑的表现。这种自卑情结经常压迫着人们，并深刻影响了他对生活的一般行为和态度。
>
> ——新浪网友霸者之刃

经历苦难

> 困难只是通向成功路上一些必须经过的关卡。
>
> ——阿德勒《阿德勒的智慧》

自从我们人类诞生的那一天起，就不停地与大自然进行着较量。我们征服河流，让它为我们灌溉农田；我们驯服野兽，让它们为我们服务；我们征服自然，让它听从人类的指挥。我们创下了一个又一个奇迹。我们骄傲，我们自豪，好像我们就是万能的上帝。但是当我们静下心来的时候，却往往发现还有一个最大的敌人没有被我们征服，那就是我们自己。因为自己的心念，往往不受自己的控制，那才是我们最顽强的敌人。

或许有人会觉得这有些危言耸听或者夸大其词，但事实却是如此。据科学家分析，人类所发挥出来的能量只占自身所拥有的全部能量的4%左右，也就是说，我们每个人的身体内都潜藏着巨大的能量，而如果这些能量可以全部爆发的话，我们完全有能力创造出比现在辉煌得多的业绩。但是，这些能量却被深深地埋藏起来，而埋藏这些能量的，往往就是我们自己。

我们总是不相信自己，总是怀疑自己，总是看轻自己，于是我们体内所潜藏的那些能量也就在我们的怀疑之中渐渐消退，所以，我们放弃了，也就失败了。其实，只要我们全力以赴是可以将事情解决的。但是我们自己却出卖了自己，让自己成为自身的俘虏。美国有个个性分析专家罗伯特有一次在自己的办公室里接待了一个人，这个人原来是个企业家，家财万贯，但是由于后来经营不善而倒闭，而他自己也从一个叱咤商场的风云人物沦落为一个流浪汉。

当这个人站在罗伯特面前时，罗伯特打量着眼前的这个人：茫然的眼神、沮丧的神态、颓废的样子。罗伯特听完这个人的讲述之后想了想，对他说："我没有办法帮你，但是如果你愿意的话，我可以给你引荐另一个人。在这个世界上只有这个人可以帮你，可以让你东山再起。"

罗伯特刚说完，这个人就激动地站了起来，拉着他的手说："太好了，请你马上带我去见他！"

罗伯特带着他来到一面大镜子跟前，指着镜子中的人对他说："我要给你引荐的就是这个人，你必须彻底认识他，弄清他，搞懂他，否则你永远都不可能成功。"

流浪者朝着镜子走了几步，望着镜子中那个长满胡须、神情沮丧的人，他把自己从头到脚打量了几分钟，然后后退几步，蹲下身子哭了起来。

几天后，罗伯特在街上见到了这个人，他几乎认不出他来了，只见这个人西装革履，神采奕奕，步伐轻快而有力，原来的那种沮丧和颓废一扫而光。他见到罗伯特立刻前来握住他的手说："谢谢你！我现在已经找到了一份很不错的工作。我相信凭我的能力，我一定可以东山再起。到时我一定会重重答谢您的！"

果然，不到几年的时间，那个人果然又重新创办了自己的企业，再次成为当地的名流人物。

假如你和一般的失败者面对面地交流，你就会发现他们失败的原因了。这是因为他们缺乏一种挑战精神，缺乏足以激发人、鼓励人的环境，缺乏从不良环境中挣扎奋起的力量，最终使得他们的潜能没有得以激发。世界上许多出身卑微的贫穷孩子，他们做出了无数不平凡的事业。例如富尔顿发明了推进机，最终成为了美国著名的伟大工程师；法拉第在实验室内经过反复的药品调制，最终成为了英国出色的化学家；惠德尼通过不断地研究店里的工具，最终发明了纺织机，此外，小小的缝针和梭子也使他成为了缝纫机的发明者；最简单的机械也让贝尔发明了对人类文明有了巨大的推动作用的电话。从这些成功者身上我们可以看到，如果一个人不怕拒绝挑战，不怕甘于落后，他们就敢于去挑战困难，去做更伟大的事情。但是，在很多人眼里，我们却看不到那战斗的火焰在闪烁跳跃，看到的是在他们经历了一段时间的奋斗之后，他们最终又走向了失败。这些都是可惜的，因为，他们浪费了成功的资源。然而，能够向自己挑战的人，势必会成为像一名身经百战、骁勇善战的将军一样，做好了一切准备，随时准备出击，以此争取更大的胜利。

美国《运动画刊》上曾经登载过一幅漫画，画面是一名拳击手累得瘫倒在训练场上，标题耐人寻味——突然间，你发觉最难击败的对手竟是自己。

1953年，科学家沃森和克里克从照片上发现了DNA的分子结构，并提出了DNA双螺旋结构的假说，这标志着分子生物时代的到来，而他们也因此而获得了1962年度的诺贝尔医学奖。其实，早在1951年，英国一位叫富兰克林的科学家就从自己所拍的DNA的X射线衍射照片上发现了DNA的双螺旋结构，但由于他生性自卑，且怀疑自己的假说，所以与成功失之交臂。

人的本性，注定我们内心有许多的不坚强；自己，往往是最可怕的对手。为了成功，我们必须战胜自己，因为这往往是我们通向成功的最后一道屏障。

一个人只有战胜自己，才能成为自己的主人；一个人只有成为自己的主人，才能把握自己的人生。战胜自己需要坚强的意志，只要你有一个坚定的信念，就一定能够超越自己。

自己与自己的较量是最残酷的，也是最惊心动魄的，因为我们面对的不是别人，而是我们自己，他和我们一样强大，他很了解我们的内心。只要我们稍不留神，就会被他钻了空子。他也很了解我们的防守和进攻，在这个敌人面前我们几乎就是个透明人，一不小心就会被他击败。在人生的道路上，有的人能够成功，有的人却总是失败。而所有能够成功的人都是打败自己的人，那些被自己打败的人，也是生活中的失败者。

在现实生活中，有大部分人面对激烈的竞争时，常常显出措手不及的惊恐状，在他们的心里总是有着这样的想法，"我能打倒他吗？""我比他有实力吗？"等等。他们在面对强手时始终觉得自己是一个弱者，所以，随时都有可能被迫地退出人生舞台。

一个人的成功是靠努力、拼搏、坚持、奋斗得来的。看看我们身边的人和事，我们就能发现，很多得到成功的人都是通过自己的刻苦和努力而改变了自己，从自己的身上找到了自己的特长，最终走向了成功。海伦·凯勒和居里夫人就是其中的典范。海伦·凯勒在老师的帮助下，克服了身体上的残疾，以惊人的毅力面对困境，最终寻求到了人生的光明。

说起海伦·凯勒的遭遇，我们没有人能不感动，没有人能不佩服她的精神。

海伦·凯勒出生在一个富裕、快乐的家庭中，可是她很不幸，她又瞎又聋，无法感受亲人的关爱，也不能体会人生的欢乐，用一句话来说，就是她只能在无声无色的童年坟墓周围徘徊。可是，海伦·凯勒的精神让她改变了自己，她用勤奋来寻求心灵的光明，她经过努力的坚持，最终以微笑战胜了人生道路的坎坷，创造了人类历史上的奇迹。

对于海伦·凯勒的成功来说，有一部分人会认为海伦之所以能一举成名，是依靠人们的同情与怜悯。可是事实并非如此，她的成功是经过她的努力得来的，她经过许多的挫折，从小时候命运带给她挫折，让她陷入困境，到后来在努力学习中遇到无数挫折，但她依然是微笑着坦然面对坎坷，也正是因为这些挫折，使得海伦·凯勒比其他人更加坚强，更加努力。

我们所知道的女科学家居里夫人，她的成就不是任何人都可以相比的，她曾经也遇到过挫折，而她的挫折也是别人无法想象的，当她克服重重困难，通过努力学习，认真研究，攀登上了科学高峰时，她的丈夫皮埃尔·居里却死了，丈夫的死给她带来了巨大的打击，可居里夫人为了完成丈夫的遗愿，继续钻研，将悲痛埋藏在心底，最终为人类做出了巨大的贡献。

这些伟人的经历及成功的经验告诉我们，只有我们在面对困难时，知难而进，才能有所成就，才能在关键时刻爆发出无以比拟的巨大力量，推动他们克服困难，成就心中所愿。从上面的例子中，我们还看到了生活中的失败挫折既有不可避免的负面影响，又有正面的功能。它可使人走向成熟、取得成就，也可能破坏个人的前途，但是关键在于你怎样去做：是坚持下去，还是半路退缩；是努力奋斗，还是懒懒散散。

有一个不幸的小孩，刚出生的时候就被诊断出了患有先天性的小儿脑瘫。因为他大脑的一部分失去功能，导致整个下半身没有一点知觉。这个孩子一出生就注定要在轮椅上生活一辈子。虽然他的身体上和正常人相比有很大的缺陷，可是他的内心和正常人是一样的。他也有自己的理想和未来，从小爸爸就教育他要学会勇敢地面对困难，不要感觉到自卑，只要付出努力也一定会有一个美好的人生。小家伙在爸爸的鼓励下一点点地成长。

有一天爸爸妈妈都没有在家，当他睡醒后发现家里只有自己一个人。他想去厕所可是有没有人帮助他，最开始他大声地喊爸爸妈妈，可是一直没有人回答，他们一定没在附近。小家伙突然有了一个想法，那就是用自己的力量爬到轮椅上，解决上厕所的问题。于是他拼尽全力挪动自己的身体，利用上肢的力量成功地爬了上去。他用自己的力量完成了这件一直都是靠别人帮助才能完成的事情。爸爸妈妈回来发现小家伙做的这件事情后，感到无比吃惊。他们仿佛看到了自己孩子的未来……从这次以后，每次上厕所都是他自己独立完成的。时间一天天过去了，小男孩不断地尝试着做很多事情，一旦他取得成功，就再也不会去麻烦别人。

转眼间小男孩到了上学的年纪，在父母正在探讨是把孩子送到残疾学校还是正常学校的时候，小男孩主动地要求，自己想去普通的学校，他想和大家一样过正常人的生活。没过多久小男孩就收到了一家在当地很有名气学校的录取通知书。

对于这个小男孩来说，想和其他人过一样的生活，是一件很难的事情。这需要他不断地向自己发出挑战，战胜周围环境给他带来的困难。虽然在刚入学的时候别人会向他投来怪异的眼光，可他并没有一点退缩的想法，他时刻都记着爸爸的教导，在遇到困难的时候要学会坚强，要拿出勇气去战胜困难。经过小男孩不断的努力，周围的人开始慢慢地改变了对他的看法，他们被小男孩的坚强打动了。还有很多同学和他成为了好朋友。

小男孩长大后和正常人一样去找工作，虽然他遇到了很多困难，可他一定不会在意，因为小的时候遇到的一次次困难早就已经把他的意志力磨练得足够坚强了。不管再遇到什么样的麻烦他都会坦然地面对，然后去战胜它。小男孩坚强的意志力帮助他克服了种种困难，最终他找到了适合自己的工作，他可以和正常人一样完成工作，甚至有时候比有些正常人完成得还要出色。

在上面的例子中，我们得到了一些启示，在我们的生活中，无论我们做什么事情，只要具备了勇于向困难发出挑战的精神，那么我们就能激发自己的潜能，在挫折和失败中奋起。

在一次体检当中，有两个人被怀疑是得了肺癌。在给他们做透视的时候，他们的胸部都有一块阴影，医生准备为他们做详细的检查。

两个人坐到了一起，第一个体检的人对第二个体检的人说："如果我真的患有了癌症，那我将用上帝留给我的时间去旅行，去我以前想去的地方，我不想让我的人生留下什么遗憾。"第二个人听了这番话后，非常的赞同，他也有这样的想法。很快医生为他们诊断出了结果。第一个人的确得了肺癌，他的病情随时都会恶化，有可能是一年，有可能是一个月。上帝留给他的时间不多了。而第二个人并没患有癌症，只是一块肿瘤，只要把它切除就不会影响到身体健康。

第一个人得知了自己的病情后，并没有听从医生的建议：让他留在医院，一旦病情恶化可以得到及时的治疗。他选择了离开，准备去完成自己以前的理想，去自己想要去的地方。可第二个人却留了下来。

第一个人离开医院后，辞掉了工作开始了自己的旅行。在以后的时间里他每天过得都很开心，去了很多以前想要去的地方，吃了很多自己以前想要吃的小吃，他快乐地过着每一天，早就把自己生病的事忘在了脑后。是勇气让他走到了今天，当他知道自己身患癌症后，并没有放弃自己的生活，而是坚强地战胜了病魔，勇敢地去实现自己的理想。正是这种勇气让他重新认识了生活，因此他才能延长自己宝贵的生命。

当我们面对困难的时候一定要拿出勇气积极地去面对，只有敢面对困难的人才可能有机会战胜苦难，如果一个人每次遇到困难都选择逃避，那么他就连体验失败的机会都没有。我们不需要惧怕困难，有些时候困难只是出现在一件事情的表面。只要我们勇敢地面对它，不去在意周围环境给我们带来的任何影响，那么当你战胜困难的时候就会发现，其实它并不是一件可怕的事情，你完全有能力去战胜它。

有一处山势险恶的大峡谷，两面都是悬崖峭壁，下面是奔腾的水流。要想从这里通过，唯一的一条路就是峡谷上面的一座吊桥。这座桥看上去并不是很安全，只是用几块木板简单搭建而成的。两面是陡峭的悬崖，下面是奔腾的急流，想要从这座桥上通过，需要极大的勇气。

一个聋哑人和一个正常人同时来到了桥头，聋哑人因为听不见峡谷下面奔腾水流和耳边呼啸大风的声音，所以并没有对这些感到恐惧。而那个正常人却不一样，他被水流声和呼啸的大风吓坏了，两条腿都有些发抖。可要想通过峡谷，眼前这座桥是惟一的出路，他们都有事在身，没有别的选择。

盲人第一个走上了桥，他扶着旁边的铁链一步一步地往前走。没过一会儿他顺利到达了对岸。回头看了看那个正常人，就继续赶路了。

那个正常人一点点地靠近吊桥，他被吓得满头大汗，两手紧紧地抓着旁边的铁链，越靠近中间桥就晃得越严重，脚下的急流发出"哄哄"的声音，他被吓得俩腿发软，再也没有办法前进一步了。他想回去，可自己的脚根本就不听使唤，在一阵挣扎后他实在是坚持不住了，脚下一滑，就这样离开了这个世界。

聋哑人能顺利地通过吊桥是因为他听不见水流的声音，这样就减少了他的恐惧感，当他内心没有了恐惧，便很轻松克服了眼前的困难。这个正常人失败的原因就是他被困难表面的恐惧吓倒了。他没办法克服这样的恐惧最终，导致他失去了生命。

逆境和挫折可能使懦弱者陷于怨恨、消沉和灰心的情绪中而不能自拔，甚至使他完全屈服于逆境；但对于信念坚定、意志坚强的人来说，逆境和挫折会成为激发自己有所作为的神奇力量，所谓"艰难困苦，玉汝于成"，只有在逆境中不气馁、敢于拼搏、奋勇当先的人，才能开辟出通往胜利的道路。

这世上存在这样一种鱼，它们无比的聪明。如果你想用一般的手段抓住它比摘下天上的星星还难。它的名字叫胎鱼，胎鱼在水里游动的速度非常快，身上又是透明的，即使它停在那里不动，不仔细看都很不容易被发觉。

尽管它如此的狡猾，可还是逃不过那些有多年经验的渔夫。他们有更好的办法来对付胎鱼，其实办法非常的简单，只要在出去捕鱼之前带一根绳子就可以了。两名渔夫各划一条小船拉开一段距离，然后每人拉着绳子的一头慢慢划船，让绳子贴着水面慢慢地靠近岸边。当就要靠近岸边的时候岸上的渔夫就可以收网了，这样他们就会捕捉到狡猾的胎鱼。这是为什么呢？听上去和一般的捕鱼没什么两样，只是多一根绳子而已。没错！就是这根绳子起到了关键的作用，如果没有这根绳子，相信在渔夫收网的时候他们不会捉到一条胎鱼。胎鱼有一个致命的弱点，就是它们有些狡猾过分了，只要有一个影子出现在它们面前，它们宁愿去死也不会靠近。绳子的影子透过水面映到了水底，这些狡猾的胎鱼没有勇气穿过影子，只能一点点地被逼向岸边，这时岸上的渔夫一收网，这些狡猾的家伙很轻松地就被捕上来了。

如果这些胎鱼可以挑战一下自己，那么它们就能改变自己的命运。我们的人生也是如此，也会遇到一些自己认为不可逾越的影子，如果我们做出了和胎鱼一样的选择，那么我们的命运也就会和胎鱼一样走向人生的死胡同。

巴乌斯住在里加海滨一幢暖和的小房子里。

这座房子靠近海边。在不远处有一个村子，里面的人世世代代都靠捕鱼为生。而总会有一些人出去了以后就再也没回来。尽管这样的事情会经常发生，可这里的每一个人都没有向大海屈服，他们仍然继续着自己的事业。因为他们知道想要生活就不可能向大海屈服。

在渔村旁边，竖立着一块石碑。在很久以前这里的渔夫在石碑上刻下这样一段话：纪念在海上已死和将死的人。一天巴乌斯看到了这句话，当时他感觉有些悲伤。有位作家在听他讲述这句话的时候，却不以为然地摇了摇头说："恰恰相反，这是一句很勇敢的话，它表明了这里的人们永远不会服输，无论在任何情况下他们都要继续自己的事业。如果让我给一本描写人类劳动的书题词的话，我就要把这段话录上。但我的题词大致是这样：纪念曾经征服和将要征服海洋的人。"

其实生活就是这样，每个人都会遇到不同的困难和挫折，只要你勇敢地迎接挑战，相信就没有我们征服不了的东西。

在一次战役当中，某个军队被困在了一个小岛上。每个能通往小岛的路线都被敌军封死了，岛上的士兵已经没有食物了，他们坚持不了多久。这个军队的总部先后几次派去的增援部队都被对方击退了，对方的火力太强而且对每一个区域都很了解，根本就没办法接近。时间已经过去了半个月之久了，岸上的人本来以为岛上的战友已经全部遇难了，可是一个突然的信息让他们知道原来岛上还有几个战友还坚强地活着，其中还有一名将军。他们修好了被炸弹炸坏的无线电，给自己的战友发过来一段求救信号。部队的总部决定再一次去营救他们。这次并不是派去大量的军队，因为他们知道敌人的防守实在是太周密，根本不可能让一个队伍从那里过去，哪怕你有再大的火力。他们把这样的消息公布出去：如果有人愿意去营救岛上的战友，那当他们回来的时候就会升为上尉。虽然是一次升级的好机会，可大家都知道这么一去十有八九就回不来了，所以消息已经公布一天了，还是没有勇士出现。就在司令感到恼火的时候，有4个勇士出现了，他们愿意迎接这次挑战，希望能把自己的战友安全地救回来。在一番准备后这4个勇士出发了，他们利用夜色的掩护悄悄地潜伏到了小岛上，在枪林弹雨下他们没有一点放弃的想法，最后终于把岛上幸存下来的战友安全地救了回来。回来后他们获得了无数的荣誉和奖励。而那些没有勇敢站出来的士兵，永远都不会体会到那种激动和自豪的感觉。一个不敢勇敢迎接挑战的人，永远都不会体验到成功给我们带来的快乐和喜悦，他们注定一生都活在灰暗当中。

每个人都需要勇敢地挑战，如果一个人失去挑战的勇气他就不可能在思想上有所突破。每个人都希望自己有一个好的未来，取得一个辉煌的人生，有些人希望自己可以成为一位名人，有些人希望自己能成为一名富翁。可他们往往都在守株待兔，机会永远不会降临在那些整日就知道盼望和等待的人身上。即使有一天会降临到他们身上，那也是一种浪费，因为他们根本就没有能力把握住机会。

有一个年轻人在读书的时候就很优秀，在毕业后他总感觉自己有这么出色的能力，一旦有机会到来就一定会飞黄腾达。就这样，他没有去找工作，而是在家里呆呆地等着机会的到来。时间一点点地过去，半年、一年，他还是没有等到合适的工作，他不相信自己有这么高的能力就没有人来聘请他，可事实就是这个样子他一直没有等来机会。终于有一天他的一个同学给他打电话来，说自己的公司正在招聘，让他赶快来试试。这个年轻人心想：这下机会终于让自己等来了，可以充分发挥自己的能力了。可让他没想到的是，他没工作多久就被公司给辞退了。虽然他认为自己很有才华，可随着时间的流逝，他以前所学到的东西早就已经落后了，他的能力已经跟不上这个社会了。于是这次机会就这样从他手里溜走了。

无论你有多大的才华多大的能力，都不要让自己停下来。每个人都在进步，一旦你停下来就注定会被甩在后面，那么即使有再好的机会摆在你面前，你也没有能力把握住。我们要不断地努力，时刻挑战自己，让自己不断地进步，因为只有这样才能把握住自己的命运。

很多人都追求成功而害怕失败，一旦失败就会表现出一副愁眉不展的样子。实际上，失败并不可怕，关键是你对待失败的态度是怎样的，承认失败的客观性，并不是消极地被失败所左右。我们会失败，不是我们的方向错了就是我们的方法错了，只要我们从失败中总结教训，在被一块石头绊倒后，当面对另一块石头时，就能找到正确的应对措施。多犯一些错误后，我们就应该离成功更近了。换而言之，也就是说正确面对失败，失败就会成为成功的基础。

泰国的十大杰出企业家之一施利华应该算是一位传奇人物了，最先开始，他是一位股票投资者，当他在股票市场无所不敌时，他说我玩够了，我从此要进入另一个行业，于是他转入了地产业。时运不济的他，把自己所有的积蓄和从银行贷到的大笔资金都投了进去，在曼谷市郊盖了15幢配有高尔夫球场的豪华别墅。可是他的别墅刚刚盖好，亚洲金融风暴出现了，他的别墅卖不出去，贷款还不起，施利华只能眼睁睁地看着别墅被银行没收，连自己住的房子也被拿去抵押，还欠了相当一笔债务。

一段时间之内，施利华的情绪低落到了极点，他老是在心里问："为什么一向无所不敌的我，会走上这样的一条失败之路，难道我就这样一生再也无所建树了吗？"

几经周折，施利华决定重新做起。他的太太是做三明治的能手，她建议丈夫去街上叫卖三明治，施利华经过一番思索后答应了。从此曼谷的街头就多了一个头戴小白帽、胸前挂着售货箱的小贩。

很快施利华做小贩、卖三明治的消息传了出去，人们纷纷在说，昔日亿万富翁施利华在街头卖三明治，由于很多人在传，所以在施利华那儿买三明治的人骤然增多，有的顾客出于好奇，有的出于同情。还有许多人吃了施利华的三明治后，为这种三明治的独特口味所吸引，经常来买他的三明治，回头客不断增多。随着时间的过去，施利华的三明治生意越做越大，他也慢慢地走出了人生的低谷。

在1998年泰国《民族报》评选的"泰国十大杰出企业家"中，他名列榜首。作为一个创造过非凡业绩的企业家，施利华曾经备受人们关注，在他事业的鼎盛期，不要说自己亲自上街叫卖，寻常人想见一见他，恐怕也得反复预约。上街卖三明治不是一件怎样惊天动地的大事，但对于过惯了发号施令生活的施利华，无疑需要极大的勇气。

人的一生会碰上许多挡路的石头。这些石头有的是别人放的，比如金融危机、贫穷、灾祸、失业，它们成为石头并不以你的意志为转移；有些是自己放的，比如名誉、面子、地位、身份等，它们完全取决于一个人的心性。生活最后成就了施利华，它掀翻了一个房地产经理，却扶起了一个三明治老板，让施利华重新收获了生命的成功。

曾有人问施利华，当他面对失败后，他是如面对自己的挫败的，如何及时调整自己的心态来面对这一切困难重新开始。对此施利华说了这样的一段话："我只是把挫折当作是使你发现自己思想的特质，以及你的思想和你明确目标之间关系的测试机会。如果你真能了解这句话，它就能调整你对逆境的反应，并且能使你继续为目标努力，挫折绝不等于失败——除非你自己这么认为。"

是啊，当我们面对挫折时如果能这样想，那么我们会怎样呢？答案是继续努力，实现自己的目标，当再一次遇到困难时，勇敢地去战胜他。

美国作家爱默生说："每一种挫折或不利的突破，都带着同样或较大的有利的种子。"如果施利华不能正确地去对待失败，那么，他就不会再有后来的成功，也不会再有以往的辉煌。

美国作家布拉德·莱姆曾在《炫耀》中写道："问题不是生活中你遭遇了什么，而是你如何对待它。"每一个胸怀大志的人，都不应该在面对困难的时候选择逃跑和放弃，而是应该在困难中得到磨练，从而在失败中崛起、抗争，自强不息地走下去。

很久以前有一支军队出国远征，一次又一次的战斗中他们面对的都是失败，带队的将军也受了重伤。回到营房后他躺在病床上，非常痛苦，几乎已经失去了战斗的信心。可是他想到出征前所有人对他的支持，还是不愿意放弃一点点机会。在养伤时间，他仔细地回忆每一场战争，慢慢地总结失败的经验，伤好之后他终于获得了胜利，昂首挺胸地回到了自己的国家，他也得到了国王的奖赏。

其实所有的失败和危机都是我们锻炼自己的一次机会，我们要勇敢地面对，并从失败中磨练自己，找到事情成功的关键，努力去解决它，只有这样我们才能战胜所有困难。

在我们的人生中是没有真正的失败的，只是有些人在遇到困难的时候选择了逃避和放弃，这样我们才得到了失败。很多经历过失败的人都这样说："我已经尝试了，可不幸的是我失败了。"是的，在面对失败的时候，大多数人都会认为自己已经尽力了，只是运气不好，也就很坦然地接受了失败，可是我们有没有想过，一旦你接受了失败，就说明你已经放弃了你最初的理想，你之前所计划的一切都将白费了，一切都要重新开始，你需要重新打造自己的理想。可我们有没有想过，如果所谓的运气在给我们带来失败，我们又该怎么办呢？难道一次又一次选择放弃吗？人生又有几次选择的机会呢？如果一次次地选择放弃，选择逃避，你就会发现，你已经老了，已经不是年轻的自己了，有很多你以前可以做到的事情，现在你已经做不了了。最后等待你的死亡，那才是真正的失败。

威廉·马修斯说："困难、艰险、考验，在我们走向幸福的人生旅途上碰到的这些障碍，实质上是好事。它们能使我们的肌肉更结实，使我们学会依赖自己。艰难险阻也不是什么坏事，它们能增强我们的力量。"诚如斯言，工作中的挑战会增强我们应对困难的能力，获得理想的经验值。

有一天，一头猪面对着要把它屠杀了过节的人类很惊慌，在经过一段周旋后，猪跑了出来，它找到了天神，对天神说："我很感谢你赐给我如此肥胖的身体、如此清闲的生活。可是我还有一些问题不是很高兴。"

天神听了，微笑地说："你把你的问题说给我听吧！也许我能为你解决这些问题。"

猪轻轻叫了一声，说："天神啊！你知道吗？我从出生以后，一直都是生活得很美好的，可是每到了一些日子，那些人类就要把我杀了，这是为什么啊？这次要不是我拼命地跑，我想我也没有机会再见到你了，天神，我想请你再赐给我一个力量，让我不再被这些人类所杀害，当他们要抓我的时候让我能像老虎、狮子一样把他们吓跑。"

天神笑道："你去找狮子吧！我想它会给你一个满意的答复的。"

猪兴冲冲地跑到森林里找到了狮子，它还没到狮子的跟前，就听到狮子在那里大叫："天神啊！这是为什么啊？我很感谢您赐给我如此雄壮威武的体格、如此强大无比的力气，让我有足够的能力统治这整座森林。可是，尽管我的能力再好，但是每天鸡鸣的时候，我总是会被鸡鸣声给吓醒。神啊！祈求您，再赐给我一个力量，让我不再被鸡鸣声吓醒吧！"

听到狮子的话，猪又跑到了天神那里对天神说："天神，狮子还是不能解决我的问题，你帮帮我吧！"

天神又对猪说："那你去找大象吧！我想它应该能帮助你。"

猪找到了大象，却看到大象正气呼呼地直跺脚。

于是问大象："你干吗发这么大的脾气？"

大象拼命摇晃着大耳朵，吼着："有只讨厌的小蚊子，总想钻进我的耳朵里，害得我都快痒死了。"

听到这个话，猪好像明白了什么，它没说什么，就转身回去了。在路上他心里暗自想着："狮子，它是森林之王，可是它还是害怕一只小小的鸣鸡，体型这么巨大的大象，还会怕那么瘦小的蚊子，那我还有什么可抱怨的呢？我至少在很长的一段时间内比他们过得好，生活得好。另外，我不被人类杀死，我也会很快老死的，看来我比狮子、大象它们幸运多了。"

是啊！世上万物，没有什么会一帆风顺、长生不老，在我们人生的道路上，无论我们走得多么顺利，但只要稍微遇上一些不顺的事，就会习惯性地抱怨老天亏待我们，进而祈求老天赐给我们更多的力量，帮助我们渡过难关。但实际上，老天是最公平的，就像上面所说的故事一样，每个困境都有其存在的正面价值。黄药眠说："要想摘一朵冰雪中的雪莲，就要有爬上高山不怕寒的勇气。"

拿破仑·希尔就曾经对自己的员工这样说过："千万不要把失败的责任推给你的命运，要仔细研究失败。如果你失败了，那么继续学习吧！可能是你的修养或火候还不够的缘故。你要知道，世界上有无数人，一辈子浑浑噩噩、碌碌无为。只有那些百折不挠、牢牢掌握住目标的人才真正具备了成功的基本要素。我的公司就需要这些为大目标而百折不挠的人。"

当我们面对挫折时，首先需要控制自己的情感，最重要的是要转变意识，纠正心理错觉。在想不开时换个脑筋变一变，想开一点：为什么倒霉的事情可以发生在别人身上，而绝不该发生在你的生活中呢？毫无疑问，世界上有许多美丽的令人愉快的事情，也有许多糟糕的令人烦恼的事，却没有一种神奇的力量只把好事给你，而不让坏事和你沾边，当然也没有一种神奇的力量把好坏不同的境遇完全合理地搭配，绝对平均地分给每个人。一个人如果能真正认识到自己遇到的不如意的难题不过是生活的一部分，并且不以这些难题的存在与否作为衡量是否幸福的标准，那么他便是最聪明的，也是最幸福和最自由的人。

愿望不等于现实，在这点上，人生如同牌局。如果你已经遭受苦难和面临意想不到的压力，即使委屈等待，下一步也不一定就会时来运转。如果连续抛10次硬币，每一次都是反面向上，那么第11次怎么样呢？许多人会认为是正面，错了！正面向上和反面向上的可能性仍然一样大。如果没有必然联系、因果关系，那么一件事发生的概率是不受先前各种结果的影响的。

当然，人生之中的挫折大多是难以避免的，但很多人由于心态消极，在心理错觉中导致心理推移这一点上却是自寻烦恼。他们一旦陷入困境，不是怨天尤人，就是自我折磨、自暴自弃。这一切不良情绪只能为自己指示一条永远看不到光明的"死亡之路"。印度诗人泰戈尔说得好："我们错看了世界，却反过来说世界欺骗了我们。"

如果你认为困境确实是生活的一部分，那么你在遇到它时沉住气，学会控制自己的情感，凭着勇敢、自信和积极的心态，乐观的情绪，就一定能走出困住自己的沼泽。

首先，你可以考虑自己所面临的压力是否马上能改变，可以改变的就努力去改变，一时无法改变就要勇于去接受，这叫接受不可改变的事实。第二，你再想想，这件不如意的事坏到什么程度？想方设法避免事情变得更糟，避免处境更加恶化。第三，面对压力，分析原因，通过心理自救，即选择控制自己的情感，并依靠自己的努力和争取别人的理解和支持，去寻求和创造转机，走出压力，并化压力为动力，走出困境。在这个过程中，最关键的问题就是自信主动，善于选择，保持心理的平衡。

在转变意识、纠正心理错觉的问题上，还要注意另一种心理错觉——倒霉的时候只想着倒霉的事，而没有看到自己的生活还有光明美好的一面。

人们常常就是这样，一旦遇到挫折和不幸就容易眼界狭窄，思维封闭，眼睛只是死死盯在自己所面对的问题上，结果把困境和不幸看得越来越严重，以致被抑郁、烦恼、悲哀或愤怒的不良情感压得抬不起头来。由于注意力高度集中在挫折与不幸上，思想和意识就会被一种渗透性的消极因素所左右，就会把自己的生活看成一连串的无穷无尽的绳结和乱麻，感觉到整个世界都被黑暗、阴谋、艰难和邪恶所笼罩……这么一来，那就只有发出懊恼和沮丧的哀叹了。其实，这是含有严重的歪曲成分和夸大程度的消极意识和心理错觉。我们既不会万事如意，也不会一无所有；既不会完美无缺，也不会一无是处。如果你能随时随地地看到和想到自己生活中的光明一面和美好之处，同时意识到自己面临的难题、遭遇的困境，别人遇到的甚至比自己的更严重，那你就能选择控制自己的情感，保持心理平衡，从某种烦恼和痛苦中解脱出来，并且有可能获得新生，会照样或更加自信而愉快地生活。

因此，在坚持到底的过程中，绝不轻言放弃，但要学会暂时放手。也就是说，当你遇到重大的难题时，不要马上放弃，你可以先放下手中的工作，透透气，使自己的思维放松，当你回来重新面对原来的问题时，你就会惊奇地发现解决问题的答案会不请自来。适当的放松可以使你的头脑更加冷静，从而为力挽狂澜打下坚实的基础。

同时，千万不要幻想一夕的成功，因为那是不可能的。每个成功者的背后都是无数次失败的惨痛经历。如果你是一个刚刚加入公司的新职员，你将面临的是一个全新的世界，这需要你的耐心和坚持，才能汲取经验，在反复的失败与总结中，才能不断地获得阶段性的成功。其实，任何学习都要经历这一过程。

真正的成功者能在眼前的失败中激励自己，做一个强者，明了生命的意义。能够耐得住困难的考验，勇敢地面对现实中的失败，你就会成功。而当你成功的那一天，你会发觉以前的失败竟成了你的另一种祝福，因为它帮助我们丰富人生。

有很多困难只是存在于表面，如果你鼓足勇气去克服去战胜它们，就会发现其实你面对的困难并没有自己想象的那么可怕，你完全有能力去战胜它。

——网易网友贱噬天下

战胜自己

> 我们心里最为奇妙的地方，就是我们对事实的看法，决定着我们的行为方向，而不是事实本身。
>
> ——阿德勒《儿童的人格教育》

温斯顿·丘吉尔说："一个人绝对不可在遇到威胁时，背过身去试图逃避。若是这样做，只会使危险倍增。但是如果立刻面对它毫不退缩，危险便会减半。绝不要逃避任何事物，绝不！"

很多人在遇到困难时便会觉得自己一无是处，这样就会导致自己成为一个自卑的人。自卑让你低估自己的形象、能力和品质，总是拿自己的弱点跟别人的长处比，让你觉得自己处处不如别人，没有勇气做自己要做的事，严重时甚至连面对生活的勇气都会丧失殆尽。

自卑心理，人皆有之。正如一位哲人所说："天下无人不自卑。无论圣人贤士，富豪王者，抑或贫农寒士，贩夫走卒，在孩提时代的潜意识里，都是充满自卑的。"因此你不必因自己潜在的自卑背上过重的思想包袱，你要认识到它是一种消极的心理状态。人生若想有所作为，就必须战胜自卑感。自卑会扭曲现实，给生活带来无谓的思想负担，使一个人的生活道路越走越窄。

我们每个人都有这样的一种心理，那就是我们中的任何人都希望证明自己是最强的、最棒的人物，或者至少也要证明自己不是孱弱的。当一个人得到别人的尊重和肯定时，那人就会表现出很安慰、兴奋和快乐的心情。而当他得不到这种需要，甚至还受到别人的批评、排斥和否定时，就会表现出失落、不安、焦虑以及恐慌压抑的情绪。这一刻，如果你感觉自己与他人相比是毫无价值的，并从心里感到一股隐隐的痛，那么，此时你是自卑的。如果你经常有这种感觉，那么你就是一个自卑的人。

法国科学家、诺贝尔化学奖得主格林尼亚，出生于一个百万富翁之家，从小的优裕生活使他养成了游手好闲的浪荡习气。仗着自己的钱财和英俊的外表，他挥金如土，任意地玩弄着女人。一次午宴上，他见到了一位从巴黎来的漂亮女伯爵，像见了其他漂亮女人一样，格林尼亚轻佻地走上前去表达他的"爱意"。女伯爵素知格林尼亚的恶名，此时又见他一副浪子的神态便冷冰冰说了一句："请你站远一点，我最讨厌被花花公子挡住视线！"格林尼亚当时呆住了，这还是他从小到大第一次遭到别人的冷漠和讥讽，这使他羞愧难当。在众目睽睽之下，他突然感到自己是那样渺小、那样被人厌弃，一股油然而生的自卑感使他无地自容。

他离开了自己的安乐窝，只身一人来到里昂大学求学。他彻底洗心革面了，整天泡在图书馆和实验室里。他的钻研精神赢得了有机化学权威菲得普·巴尔教授的器重。在名师的指点和他自己长期的努力下，最终他发明了"格氏试剂"，并先后发表了200多篇学术论文。1912年，瑞典皇家科学院授予他本年度诺贝尔奖，由此他成就了自己人生的辉煌。

自卑不仅仅属于某个人，而是人性的弱点。自卑可能将你摧毁，但如果你能超越自卑，便能成为你成功的资本。纵览世界上从自卑中走出来的名人是很多的：法国伟大的思想家卢梭，曾为自己是个孤儿、从小流落街头而自卑；法兰西第一帝国皇帝拿破仑曾为自己的矮小身材和家庭贫困而自卑；松下幸之助，少年生活极为艰难，而正是这种自卑成为他一生奋斗的动力。这些成就非凡的大人物之所以取得了他们人生的成功，就是因为他们能够正确地评价自己，相信自己什么事都可能做好。反之，如果你总是觉得自己是无能的，那就注定要失败。这也就是说，你连自己都看不起，别人自然也就认为你是个无用的人。

受自卑心理折磨的朋友，好好看看上面这些杰出人物的例子吧。只要你改变你的心态，将自卑化为奋发的动力，就能走向成功和卓越。战胜自卑，其实就是战胜丧失信心的自我。丧失自信通常可分为两种情形：一种是前面所说暂时性丧失信心，一种则是从小养成的根深蒂固的自卑感。自卑感并非无法克服，就怕你不去克服。纵观世上，许多成功者都是在克服了自己的自卑后走向成功的。

有一位推销员，在他开始从事这份工作之前，也常为自卑感到苦恼。每当他站在客户面前，就会变得局促不安，结结巴巴，甚至干脆不知道自己在说些什么。虽然对方亲切地招待他，但他总觉得站在人家面前自己是那么的渺小。受这种心理的影响，他的脑袋里一片空白，原本演练多遍的推销辞令变成杂乱无章的喃喃自语，他的工作简直没法再做下去了。

后来，他终于下定决心要克服这种困难。当他再次面对客户时，他干脆把那些客户想象成为一个穿着开裆裤的小娃儿。经过尝试之后，良好的效果出现了：这位推销员说话再也不会吞吞吐吐了，而是非常自然地和客户交谈，他的自卑感也完全不见了！其实，许多事情的改变并不像你想象的那么难，更何况自卑感完全可以由你自己控制，没有外来因素的干扰与阻碍。自卑对我们的生活质量以及事业发展有着严重的负面影响，要想生活得快乐，要想事业有成，就一定要消除自卑。

有一个女孩，父母离异，这给她造成了很大的创伤，总觉得自己跟别人不一样，所以总是把自己封闭起来，不喜欢与人交往。有时其他同学在一旁说说笑笑，她总觉得他们在谈论自己。老师让同学们自由讨论时，她总是低着头，自己坐在角落里一言不发。她从来不与别人交流，越这样，她就越自卑，整天都是一副郁郁寡欢的样子。其实她的功课很好，人也很漂亮，但她就是摆脱不了自卑的影子。

后来，班里换了一位班主任。他发现了这个情况，便经常给这个女孩做思想工作，又找到班长，让全班同学都来帮助她。于是，几个同学主动与这个女孩接触，跟她做朋友。女孩感到心里很温暖，慢慢地和同学接触，她发现其实大家都不讨厌她，也没有人瞧不起她，甚至还有人因为她的功课好、为人细心而喜欢和她做朋友呢！在大家的帮助下，她慢慢地从自卑中走了出来，而且变得开朗。

有点自卑也是一件好事，它可以让我们发现自身的不足之处。但是，如果只停留在这一点上，那就是一种消极的影响了。如果在发现不足之后能加以改正，那么我们就会不断进步，并逐渐自信起来。

现代社会，竞争越来越激烈，只有具有很好的心理素质才能生存。如果一遇到挫折就否定自己，是不会成功的。而且无论是谁，都不会喜欢一个对自己都没有信心的人。现在是一个需要自我展示的年代，自卑的人只能一个人躲在角落里，看着别人不断进步。

每个人的身上都有弱点，而心理上的弱点可以说是对我们影响比较大的，如果我们不能够克服自己心理上的弱点，在任何方面都不会取得好的成绩。

对自己没有信心、看不起自己、做事喜欢依赖等好多弱点都是我们需要克服的。只有克服自己的弱点，不断地完善自己，我们才会有机会取得成功。

其中自卑就是我们首先需要克服的弱点，有一大部分人都会有这种心理弱点，他们做事情对自己没有信心，总是感觉自己太渺小，没有什么价值，处处瞧不起自己，认为自己很没用。正是这样的心理使他们做事没有勇气，把自己看得一文不值，所以对他们来说，做每一件事情都是那么的困难。

我们一定要克服这个致命的弱点，如果我们一直怀有这种自贬的心理去做事，就会大大减少我们的信心，在做任何事情的时候都不会有好的成就。反过来说，一定要对我们所做的每一件事情拥有坚定的信心，要相信自己一定能够做得很好，就不会自欺欺人。要对自己的生活和工作充满热情，用积极的心态塑造自己的品格，千万不要处处鄙视自己，低估自己的能力。

一个刚刚失去工作的年轻人，非常的难过。他为了麻痹自己，一个人来到酒吧喝酒。这已经不是第一次了，之前有几份很好的工作他都很满意，可是不知道为什么，都没有工作多长时间就被解雇了。他的工作能力还是很强的，毕业的学校也是在当地很有名的一所大学，可不知道为什么，毕业后参加的几份工作都没有取得领导的认可。

已经是凌晨2点多了，酒吧里就剩下他一个人了，可他还是不想离开，他想用这样的方式一直麻痹自己，从而减轻自己难过的心情。酒吧就要打烊，可他还是不肯离开，服务员只好去通知老板。老板来到了酒吧，一眼就看出了他的失意，就走了过去，与他谈了起来。老板对这个年轻人说："小伙子，现在已经是凌晨2点多了，再过一会儿天就亮了，你看你已经喝了这么多的酒了，为什么还不回家去呢？"

年轻人看了看老板，年纪和自己的爸爸差不多，在他对自己说这句话的时候他感到了心里非常的温暖，这个时候他很希望能有一个亲人在自己的旁边，希望他们能给自己一些安慰。他愣了一下，对酒吧的老板说："我现在非常的难过，因为我又一次失业了，这已经不是第一次了。我几乎已经对自己失去了信心，为什么我做的每一件事情，都不会成功呢，我这一生就注定这样失败下去了吗？可是我不甘心这样子生活下去，我不想成为一个平凡的人，我也有我自己的理想，我从小就立下了志愿，一定要成为一个成功的人。"在说这些话的同时，他的眼里闪烁着泪花。他仿佛遇到了自己的亲人，把装在心里的失意一下子都说了出来。

老板听了以后非常了解他现在的心情，因为他曾和这个年轻人一样，有过这样的失意，也曾有过和他一样的心情。他对这个年轻人说："在我年轻的时候也和你有过同样的经历，那时候，我一个人从乡下来到城里，为了自己的理想，我也曾做过很多工作，可是也和你一样，都以失败而告终了。但是我并没有放弃自己，在朋友的帮助下，我又一次找到了新的工作，而在做这份工作的时候，我开始学会了分析自己，总结我一次次失败的经验，找到原因，然后克服自己身上存在的弱点。在我年轻的时候，最大的弱点就是在做事情的时候对自己没有信心，总感觉自己不如别人，处处贬低自己，才导致我失去了以前的工作。可是后来，当我自己了解自己的弱点后，我努力地去克服它，才发现，其实以前好多事情我都是可以完成的，只是在那个时候我不敢去接受，怕自己会把事情搞砸，总是把自己藏在最后，时间久了领导对我也失去了信心，自然我就失去了这份工作。后来我再也不会像以前那样了，在做任何事情的时候我都会积极向上，给自己信心，相信没有什么事情可以难倒我。结果，现在的我你也看见了，我有了成功的事业，有了幸福的家庭，我还有两个非常漂亮的女儿。"

年轻人听了酒吧老板的一席话后，茅塞顿开，好像已经知道自己该怎么样去做了。

由有此我们可以看得出来，自我贬低的性格是一个非常大的弱点，它会使我们对自己没有信心，打击我们向上的精神，使我们振作不起来，从而对生活和工作丧失了奋斗的精神。

培根说过："人人都可以成为自己命运的建筑师。"当我们面对前进路上的荆棘，不要畏缩，因为通往峰顶的路只会亲吻攀登者的足迹；当我们面对人生路上的挫折，不要灰心，因为试飞的雏鹰也许会摔下一百次，但肯定会在第一百零一次时冲上蓝天。撤开自卑吧，无论在任何困难面前都不要屈服，无论怎么都不要看轻自己，一定要自信，始终以顽强的斗志生活着、奋斗着。

对于一个自卑的人而言，在他眼里几乎所有事情都是灰暗的。因为他总是会过多地看重对自己不利消极的一面，而看不到有利、积极的一面，并缺乏客观全面地分析事物的能力和信心。这就要求我们客观地分析对自己有利和不利的因素，尤其看到自己的长处和潜力，不要妄自菲薄、自暴自弃。

研究自我形象素有心得的麦斯维尔·马尔兹医生曾说过，世界上至少有95%的人都有自卑感。为什么呢？有句话叫做"金无足赤，人无完人"，也就是说我们每个人都不是完美的，都有自己的缺陷。这种缺陷在别人看来也许无足轻重，却被我们自己的意象放大，而且越是优点多的人，越是我们觉得完美的人，他们对自身的缺点看得越严重。另外一点就是，我们经常拿自己的短处来比较别人的长处。其实优点和缺点并不是那么绝对的，就像自卑，具有自卑性格的人通常也比较内向，但内向也有内向的好处。内向的人，听的比说的多，易于积累。敏感的神经易于观察，长期的静思使得他们情感细腻，内敛的锋芒全部蕴藏为深厚的内秀心智，而温和的性情又让他们可以更容易地亲近别人。所以从某种意义上说，缺点也是可以转化为优点的，就看你自己怎么去看待。其实，从某种意义上说，缺陷也是一种美。就像断臂的维纳斯，虽然失去双臂，却从严重的缺陷中获得了一种神秘的美。

我们应该首先从心理上认识到世上没有完美的事物。大海还有涨潮和退潮，月亮还有阴晴和圆缺，更何况人类呢？就在这种不完美的状态下，我们寻找着欢乐，向不完美发出挑战，在力所能及的范围内做得更好一些，以接近完美。

卢梭说过："种种优劣品质，构成了生命的整体。"正是因为我们都不完美，所以才有了发展的空间。人的一生，就是同自己的一场战斗，不停地挑战自己、改善自己、完善自己，所以，人生才变得有意义。

美国总统罗斯福小的时候是一个非常胆小的男孩，脸上总是显露着一种惊恐的表情，甚至背课文也会双腿发抖。但这些缺点没有将他打垮，反而让他更加努力地改进自己。他从来不把自己当作不健全的人看待，他像其他强壮的孩子一样做游戏、骑马或从事一些激烈的运动。他也像其他的孩子一样以勇敢的态度去对待困难。在未进大学之前，他已经通过系统的运动和生活锻炼，将健康和精力恢复得很好了。他努力地改进自己，以至于晚年，已很少有人能够意识到他以前的缺陷，他也因此而成为最受美国人民爱戴的总统之一。

要想成功，我们首先要做的就是战胜恐惧。一个人的心中少了"害怕"这两个字，许多事情会好办得多。

玛丽亚·艾伦娜·伊万尼斯是拉丁美洲的一位女销售员，她在20世纪90年代被《公司》杂志评为"最伟大的销售员"之一。在当时女性地位还比较低的时代，她是怎样做到这一点的呢？

她曾在三个星期中旋风般地穿行于厄瓜多尔、智利、秘鲁和阿根廷，她不断地游说于各个政府和各个公司之间，让它们购买自己的产品。而在1991年，她仅仅带了一份产品目录和一张地图就乘飞机到达非洲肯尼亚首都内罗毕，开始她的非洲冒险。她经常对别人说："如果别人告诉你，那是不可能做到的，你一定要注意，也许这是你脱颖而出的机会。"所以她总会挑战那些让人望而却步的工作，而这种毫不畏惧的精神，也让她成为南美和非洲电脑生意当之无愧的女王。

忘却"恐惧"，可以给我们破釜沉舟的勇气。当年的项羽，就是用这种办法激发了三军将士的勇气，在与强大的敌军较量时取得了胜利，并成就了"楚兵冠诸侯"的英名。无独有偶，西班牙殖民者科尔在征服墨西哥时也用了同一战略。

他刚一登陆就下令烧毁全部船只，只留下一条船，结果士兵在毫无退路的情况下战胜了数倍于自己的强敌。

有时，我们需要的就是那么一种勇气。面对任何困难都不逃避，就算遇到再大的困难也不说放弃。

当你静下心来，检查自己失败的原因时，可能会有一个惊人的发现，那就是战胜自己的并非困难，而是存在于内心的恐惧。每当遇到困难，耳边总会有一个声音对我们说："放弃吧，那根本就是不可能的事。"于是在这个声音面前，我们内心的勇气一点点消退，我们的信心一点点丧失。人的潜能是无限的，它足可以使我们创造出所有的人间奇迹。而大多数人之所以没有办法将自己体内潜藏的能量激发出来，就是因为怀疑和恐惧动摇了他们的信心，以至于阻碍了潜能爆发的源泉。当你试着抛却恐惧、树立信心、拿出勇气之时，或许你会取得连自己都感到惊讶的成绩。

对比一下我们周围的很多人，他们总是在遭受到一点不如意时，就抱怨自己时运不济，开始放弃自己的追求，觉得自己不能脱颖而出，这一辈子就这样没有希望了。事实上，对于每一个人来说，人生不如意事十之八九，不完美是客观存在的，也是每一个人都无法逃避的，但我们无需怨天尤人。我们只要记住：当我们失意时，我们要面对自己；当我们成功时，我们也要面对自己。不管是失意还是成功，我们都要有一颗敢于向命运挑战的决心，这样我们就能用坚强鼓舞自己，用知识充实自己，用自己的一技之长来发展自己。当我们走向成功时，我们才会发现生命的可贵之处正在于看到自己的不足并且勇敢地改正它。如果我们能做到这些，我们就能坦然面对一切。

人生正因为有了缺憾，才使得未来有了无限的转机，所以缺憾未尝不是一件值得高兴的事。

世界第一经理人、美国通用电气公司董事长杰克·韦尔奇从小口吃，很多人看不起他，他的同伴也常常嘲笑他，奚落他，但他的母亲却经常劝慰他："每个人都有缺陷，这算不了什么缺陷，命运在你手中。"甚至还用肯定的话鼓励他、表扬他："你其实是一个很聪明的孩子，虽然有点口吃，但这并不能掩盖你其他的优点，你善良、正直。你的口吃正说明了你聪明爱动脑，想的比说的快些罢了。"母亲的话给韦尔奇带来了极大的自信。

正因为韦尔奇对自己充满了自信，结果，略带口吃的毛病并没有阻碍杰克的发展，反而促使他更加努力奋进。后来，当韦尔奇在事业有成时，注意到他有口吃缺陷的人，反而对他更加敬佩。在他们看来，正是这位有这样缺陷的人在商界才取得了这么辉煌的成就。对此，美国全国广播公司新闻总裁迈克尔甚至开玩笑地说："韦尔奇真行，我真恨不得自己也口吃！"

那些总是慨叹自己不如人的人，那些深感自卑的人，好好反省一下自己吧！如果韦尔奇一无所成，那么结果会如何呢？正是因为他在商界取得了辉煌的成就，人们才开始尊敬他，才让他看到了一个被公认为是缺陷的毛病成为了人人羡慕的优点。

历史上还有一个人物，他天生矮小，但他却做出了很多大个子们所没有做出的伟大成绩，这个人就是拿破仑。他虽然身材矮小，但他从小就好强善斗。在家里，他时常跟比他大一岁的哥哥约瑟夫打架，他的哥哥总是被个子矮小的拿破仑打倒。对此，他的父母非常头疼这个好斗的孩子，于是，在他10岁时，他的父亲将他送到军官学校学习。由于个头比较矮小，拿破仑初到军校时，备受歧视，他没有别的办法对待他们，只有与他们打架。他虽身材矮小，势单力薄，却从不屈服，这种精神使得同学们无不对他敬畏。

1789年拿破仑积极投入法国大革命。1793年，在与王党分子的战斗中，拿破仑勇敢作战，他身先士卒，表现出了非凡的军事才能与勇气。因此，拿破仑不断得到提拔，并一再创造军事上的辉煌。后来，在出征意大利和埃及时，他又多次创造了以少胜多的战绩。这些成绩的取得都与拿破仑的信念有关，在他的生活中，他相信自己胜过信上帝。在短短的五年内，他由一个默默无闻的炮兵上尉跃升为一个率领十数万大军的将领，靠的全是自己的战功，而不是任何人的提携。

这时，一切的情形都改变了。从前嘲笑他的人，现在都涌到他面前来，想分享一点他得的奖金；从前轻视他的人，现在都希望成为他的朋友；从前揶揄他是一个矮小、无用、死用功的人，现在也都改为尊重他。他们都变成了他的忠心拥戴者。

罗慕洛穿上鞋时身高只有1.63米，但他却长期担任菲律宾外长，并且工作成绩显著。以前，他总是觉得自己不如他人，经常为自己矮小的身材而自惭形秽。

为了尽力掩盖这种缺陷，罗慕洛在每次演说时都用一只箱子垫在脚下，然而结果他仍然没有出色的表现，他很为自己的这种现状而忧虑。有一次，他到法国考察，偶然间注意到拿破仑的蜡像，这时，他心头一惊，因为他发现自己竟然比拿破仑还高。他想："拿破仑能指挥千军万马，能面对众人侃侃而谈，我为什么不能？"

当他这样想的时候，就决定以后彻底改变自我，于是，罗慕洛扔掉脚下的箱子，并成为一名杰出的演讲家。

后来，在他的一生中，他的许多成就却与他的"矮"有关，也就是说，矮倒促使他获得了成功。以至他说出这样的话："但愿我生生世世都做矮子。"

1935年，罗慕洛被应邀到圣母大学接受荣誉学位，并且发表演讲。在演讲的那天，高大的罗斯福总统也是演讲人。在那时，许多美国人还不知道罗慕洛是一个什么样的人。在那场演讲上，罗慕洛取得了巨大的成功。事后，就连罗斯福总统也笑吟吟地怪罗慕洛"抢了美国总统的风头"。更值得回味的是，1945年，联合国创立会议在旧金山举行。罗慕洛以无足轻重的菲律宾代表团团长身份，应邀发表演说。讲台差不多和他一般高。等大家静下来，罗慕洛庄严地说出一句："我们就把这个会场当做最后的战场吧。"这时，全场登时寂然，接着爆发出一阵掌声。最后，他以"维护尊严、言辞和思想比枪炮更有力量……唯一牢不可破的防线是互助互谅的防线"结束演讲时，全场响起了暴风雨般的掌声。后来，他分析道：如果大个子说这番话，听众可能客客气气地鼓一下掌，但菲律宾那时离独立还有一年，自己又是矮子，由他来说，就有意想不到的效果，从那天起，小小的菲律宾在联合国中就被各国当作资格十足的国家了。

身材矮小的罗慕洛，不因缺憾而气馁，敢于坦然面对，并用自己的智慧、胆识加以弥补，从而战胜柔弱，超越卑微，做出了惊天动地的伟业。

这世上不存在完美的人，如果只是因为自身有某些缺陷就深陷于自卑的泥潭中，那么这个世界上就不会有成功者。正视自己的缺点，并尽全力去完善它，才是提高自己，赢取成功的最好方法。

蜗牛总觉得自己身份低微，没有什么长处，因此，它连蝴蝶和蜜蜂都不敢正视。日子久了，蜗牛把自己完全封闭了，不管外面发生什么事，它都不闻不问，大家也不把它当一回事。

有一天，蚯蚓钻出了地面，告诉蚂蚁，大概是下午或晚上有一场暴雨即将来临，它让蚂蚁赶紧通知山上山下的邻居，让它们做好准备，以防不测。蚂蚁很快用自己的方式通知了邻居，唯独没有通知蜗牛，蜗牛自然什么都不知道。

傍晚时分，暴雨袭来。蜗牛由于没有丝毫准备，被山上冲下的雨水卷到山脚，摔得遍体鳞伤。

蚯蚓知道了蜗牛的遭遇后，对它说："你要是还在自卑中生活下去，更危险的事还在后头呢！”

蜗牛听了，沉思起来。

人的自卑心理来源于心理上的一种消极的自我暗示，即"我不行"。正如哲学家斯宾诺莎所说："由于痛苦而将自己看得太低就是自卑。"这也就是我们平常说的，自己瞧不起自己。

也许每个人都有一点自卑情节的：他们不仅自己瞧不起自己，还认为自己怎么看都不顺眼，总觉得矮人一头。也许正是因为他们有了这样的自卑意识，结果他们无论在工作中，还是生活中，同样地认为自己怎么看都不顺眼，怎么比都比别人矮一头，自己怎么做都不会成功，总比其他人差。实际上真的是这样吗？其实，只要我们走出自卑的束缚，我们就会找到自己的优点，只要我们充满了信心，我们就会看到另一个世界，我们就会敢于面对一个真实的自我。

说实在的，自卑的人本身其实并不是他所认为的那么糟糕，而是自己没有面对艰难生活的勇气，不能与强大的外力相抗衡，致使自己在痛苦的陷阱中挣扎。所有在生活中说自己为某事而自卑的人们，都认为自卑不是好东西。他们渴望着把自卑像一棵腐烂的枯草一样从内心深处挖出来。扔得远远的，从此挺胸抬头，脸上闪烁着自信的微笑。

新东方教育集团的创始人俞敏洪，同样是曾经深感自卑的一个人，他三次考北大三次落榜，几次出国都被拒签，连爱情都与他无缘，从他的回忆中可以感觉到他曾经是极度自卑的。所以他发出了呐喊："在绝望中寻找希望，人生终将辉煌。"于是他的信心成就了新东方，成就了如今统领整个英语培训行业的领军人物。

在农村，一般都有穿耳孔的习惯。有个女孩也穿了耳孔，可是这个耳孔却因为意外而穿偏了，但是幸运的是这只是有个小眼，不仔细看的话是很难看到的。但是这个女孩却因自己耳朵的这个小眼儿而非常自卑，于是便去找心理医生咨询。

医生问她："眼儿有多大，别人能看出来吗？"

她说："我留着长发，把耳朵盖上了，眼儿也只是个小眼儿，能穿过耳环，可不在戴耳环的位置上。"

医生又问她："有什么要紧吗？"

"哦，我比别人少了块肉呀，我为此特别苦恼和自卑！"

也许我们会说，这个小女孩太过较真了，然而这样的事情在现实生活中却并不鲜见。生活就是这样，如果我们对自己没有信心，让自卑的心困扰我们，我们就会被一些无关紧要的缺陷所包围。最常见的缺陷有：身体胖、个子矮、皮肤黑、汗毛重、嘴巴大、眼睛小、头发黄、胳膊细……这些几乎都是让我们产生自卑的理由，而前面所说的"耳朵上的一个小眼儿"也是其中一个。然而实际情况如何呢？只要我们想开了，我们就能坦然面对了。当我们把目光从自卑的人身上转到那些自信的人身上时，便会有新的发现：上帝并不是让他们全都完美无瑕的。如果用"耳朵上的小眼儿"这样的尺度去衡量，他们身上的种种缺陷也可怕得很呢！拿破仑身材矮小、林肯长相丑陋、罗斯福瘫痪、丘吉尔臃肿，但他们都没有因为这些缺陷而停滞不前，相反，他们以此为动力，奋斗不息，结果成就了自己的辉煌。所以说，看看这些成功人士吧，他们身上的缺陷哪一条不比"耳朵上的小眼"更令人"痛不欲生"？可他们却拥有辉煌的一生！如果说他们都是伟人，我们凡人只能仰视，就让我们再来平视一下周围的同事、朋友，你也可以毫不费力地就在他们身上找出种种缺陷，可你看他们照样活得坦然自在。自信使他们眉头舒展，腰背挺直，甚至连皮肤都熠熠生辉！

所以说，我们只有正视自己，只有正确地认识自己，才能走出人生的误区，才不会被自己的缺陷所困扰，才能敢于面对真实的自己，才能勇敢地接受现实、接受自我。这才是一个能成就大事的人所应该具备的品质。

心理素质强的人，勇于正视自己的缺点，接受自我。他们接受自己、爱惜自己，无论他们在人生的道路上结果如何，他们都会敢于面对，他们不会因失败而不求进取，也不会因失败而自暴自弃。因为他们知道，自己与他人都是各有长短的、极自然的人。对于不能改变的事物，他们从不抱怨，反而欣然接受所有自然的本性。他们既能在人生旅途中拼搏，积极进取，也能轻松地享受生活。只有勇敢地接受自我，才能突破自我，走上自我发展之路。

在社会生活中，我们总是谴责那些自高自大的人，因为他们自命不凡、妄自尊大、目空一切，结果是害人害己。骄傲固然不好，但自卑也绝不是一件好事情，自卑的人认为自己处处不如别人，习惯用放大镜放大自己的缺陷和不足，总感觉自己不如别人，总感觉自己在别人的面前抬不起头来。

自卑对自己的恶劣影响，会使你自己感觉身上背了一个沉重的包袱，会让你沉重而无奈地走下去，特别是你有自己的选择的时候，自卑会毫不留情地抹杀你的英雄气概，让你至少在做事的起点上，要比别人慢半拍。碰到障碍的时候，可能会令人唉声叹气，甚至一蹶不振，从而否定自己的一切。还会掉进自责的心理陷阱，因此，机会从身边悄悄走掉了，本来轻松快乐的生活使你感到既痛苦又难受。根源就在于自卑牵着你的鼻子走，自卑主宰了你的生活。

一些心理医生认为，对于自卑心严重的病人，他们总是自怨自艾、悲观失望，当然有时也不免妄自尊大。自卑的人看似平静的心绪，其实他们的心理剧烈地活动着，自卑犹如一条毒蛇一般使他们自己永远耿耿于怀，永远陷入自我设定的漩涡中不可自拔。严重的甚至会有自杀的不良心理倾向。

凡是自卑的人，意志一般都比较薄弱，遇到困难时容易退缩，缺少面对困难的勇气。自卑还会给我们的人际交往带来一定的负面影响。因为自卑的人容易情绪低沉，常会因怕对方瞧不起自己而不愿与别人来往。而人际交往上的困惑又更容易让他走入心灵的死角。所以，自卑是成功的大敌。如果你有这个毛病，就应该尽自己的最大努力克服。否则，就会对自身的发展带来负面的影响。

如何克服自卑呢？以下几种方法可能会对你有用。

第一，全面认识自己，接受真实的自己。认识自己，就是充分认识自己的优缺点。但这并不是终点，我们接下来要做的就是让自己接受这个真实的自己，并不断地加以改正和提高。

对待错误，即不应该姑息，也不应该太过苛刻，因为一两个缺点就把自己全盘否定。世界并不完美，日月尚有升落盈缺，海水也有潮涨潮落，更何况我们这等凡人呢？所以，面对自我，一定要调整好心态。当然，也不能盲目乐观。如果你来个"鸵鸟政策"，那只能自欺欺人。而且你的视而不见，也会让缺点一点点扩大，直到最后把你吞没。当我们可以正确面对自己的时候，我们的身心也就会真正地成熟起来。

第二，转移注意力。消极情绪是每个人都会有的，关键是当它到来时，你要及时将其化解，这样它就不会对我们造成伤害了。

化解这些不良情绪最好的办法便是转移注意力。例如，男士最常用的排解忧郁的方法便是运动。可以通过打篮球、跑步等办法来发泄。也有的人一遇到烦心事喜欢喝酒，一醉解千愁。但是，往往酒醒以后，头脑反而会更加清楚，烦恼也会随之而来了。就算是为了排解郁闷，也应该有度，酒多伤身，到时反而连自己的身体也赔进去了。

而女士一般都喜欢发牢骚，把自己的不快向朋友、亲人一吐为快。再就是购物、逛街或索性大哭一场，哭过之后，也就雨过天晴了。无论哪种方法，只要能将心中的不快排除出去，对你就是有益的。

第三，分析自卑产生的根源。如果你有自卑的心理，就要静下心来，让自己想一想产生这种心理的根源是什么。能力、家庭、相貌，还是小时候所受到的心理伤害。当你明白了病因，也就可以对症下药了。其实，大多数情况下，都是我们过于夸大内心的感受。比如你的容貌，或许你认为自己不够漂亮、英俊，但实际上别人并不会在乎这么多，只不过是你自己将内心的感觉放大罢了。

大多数情况下，自卑是建立在虚幻的基础上的，是我们的心理在作怪，与现实并没有太大的联系。比如你小时父母离异，于是便会觉得别人都看不起你。但其实别人并没有这种想法，是你将自己的思想弯曲了。如果你可以纠正自己的思想，那么也就可以克服这个毛病了。

第四，积极行动，证明自己的价值。之所以会自卑，就是因为我们不自信。一个有信心的人是不会受这种消极情绪影响的。所以，自信是消灭自卑的良药。

如何才能建立自信呢？其实很简单，那就是行动起来。其实，恐惧是我们内心最大的敌人，好多时候，并不是我们的能力有问题，而是我们的心理有问题，所以才会在困难面前败下阵来。当你真的鼓起勇气时，也就没有什么可以把你难倒了。

可以给自己制订一些小小的目标，开始的时候不要太难，否则就会挫伤我们的积极性。当你一个个实现了自己的目标时，信心也就会一点点地增强，并在成功的喜悦中不断走向新的目标。每一次的成功都会强化你的自信，弱化你的自卑。当你切切实实感到自己能干成一些事情的时候，你还有什么理由去怀疑自己呢？

第五，从另一个方面弥补自己的缺陷。或许，你自身的确有某些缺陷，比如生理上的，让你感觉很自卑。而这些，是我们没有能力改变的。但是，我们却可以通过另一种方式来弥补。比如，盲人的视力不好，但是触觉和听觉却比正常人要灵敏得多；你的身材矮小而又肥胖，连衣服都很难买到，这让你很难为情，更当不了什么模特，进不了仪仗队。但是，这个世界上对身材没有过多要求的工作有的是，关键是你要用一种积极的心态让自己去面对。

鱼儿虽然没有翅膀，却可以在水里遨游；雄鹰没有强健的四肢，但却可以在天空翱翔。我们的缺陷，反而会激发出另一方面的潜能。只要你能调整好自己的心态，便可以扬长避短，使你更加专心地关注自己的成长方向，从而获得超出常人的发展。

第六，建立外向的性格趋势。有自卑心理的人，一般也都有自闭的倾向，喜欢把自己封闭起来。而这种封闭又很容易会让我们陷入到自己的消极情绪中去，因此形成一个恶性循环。

其实，性格的内向与否，完全取决于自己。当你认为自己性格内向之时，便会赋予自己内向封闭的自我形象。而一旦它进入你的潜意识，便会约束你的行为。所以，你必须学会敞开自己的心扉。当阳光照射进来的时候，你也就不会再害怕黑暗了。

在这个世界上，我们每个人都是独一无二的，所以，没有必要自怨自艾。要学会爱自己、欣赏自己。当你学会用一颗乐观的心态来看待自己的时候，你的内心也就会变得更加的成熟，而在生活中，也就会变得更加的理智了。美国南北战争时期有一位名叫格兰特的将军，此人军事才能杰出，但有一个毛病就是好酒贪杯。在林肯看来他是一位帅才，虽有缺点，且很明显，但别人的才能无法与他相比，于是便力排众议坚决任用格兰特。林肯对众多的反对者说："你们说他有爱喝酒的毛病，我还不知道；如果知道，我还要送一箱好酒给他呢！"格兰特的上任，决定了战局的胜利。在他的统帅下，美国南北战争出现了转折，北军很快平定了南方奴隶主的叛乱。

1862年初，越打越艰难的南北战争，对于北方来说，已经到了生死存亡的时候。可是美国总统林肯还为总指挥官的人选伤透了脑筋。千军易得，一将难求，林肯的条件是：这个人勇于行动，敢于负责，而且善于完成任务。

他选择的第一任军事总指挥斯科特将军老态龙钟，思想落伍，不愿意也没有能力承担责任；

第二任军事总指挥麦克道尔将军是一个完全不能胜任工作的人，他甚至对统帅一支大部队感到手足无措；

第三位军事总指挥帮克莱伦将军看起来是个优秀的人，但是他瞻前顾后，沉溺于理论分析中，只会纸上谈兵。

无奈之中，林肯任命哈勒克将军为第四任总指挥，然而哈勒克依然让他失望了。短短的几年中，如此频繁地更换军事总指挥，林肯总统实出无奈。当格兰特出现时，林肯知道自己找到了合适的军事指挥官。

在林肯总统的心目中，格兰特将军就是那个他一直要寻找的人：他充满了自信，勇敢无畏；敢于冒险，意志坚定；他在冒险中还敢于想象，在想象中还敢于付诸行动；他敢于负责，能创造性地完成任务。

1863年10月16日，林肯命令所有的西部军听从格兰特的指挥，格兰特因此成为第五任军事总指挥。1864年3月10日，林肯正式任命格兰特为中将，统领三军。格兰特成为了美国继华盛顿、斯科特之后拥有统领三军这一最高军事权力的人。

事实证明，林肯终于找到了合适的人才。这个其貌不扬的人，却是当时全美唯一一个能够和南方军统帅罗伯特·李将军抗衡的人。

格兰特没有让林肯失望，1863年4月初，格兰特发起的维克斯堡一战把南方同盟切成了两半，将密西西比河这条大动脉从南方军手中夺了过来。联邦的每一个城市和农村顿时群情欢腾，人们以各种形式欢庆胜利，祝贺指挥战争的头号英雄格兰特。这场战役是格兰特的杰作，在他一生的事业中，这也许要算是一次最伟大的成功，可与拿破仑的战例相媲美。

当林肯接到来自格兰特的捷报时，激动万分地说："干得好，格兰特！"

格兰特指挥的维克斯堡战役的胜利不仅是美国内战的一个重要转折点，而且作为勇猛果断的灵活快速的战术，成为美军机动进攻的典范写进1982年版美国陆军FM100-5号野战条令《作战纲要》。

格兰特的胜仗结束了南北战争，并使他成了国家的英雄。1868年，共和党提名格兰特为总统候选人。他对政治从来就不感兴趣，他一生中只参加过一次总统选举投票，但是他轻松地取得了胜利。

所以说，在我们的一生中，究竟什么是决定人生成功的重要因素呢？是气质还是性格？是财富还是关系？是勇敢还是聪明？不，都不是。而最重要的是就是自己必须相信自己，自己必须看得起自己，最后才能走向成功。格兰特的事例让我们明白：一个人只有具备这个因素，才决定我们人生是否成功。

列宁说过："自信是走向成功的第一步。"信心一旦与思考结合，就能激发人体内所蕴藏的无限能量，激励人们表现出无限的智慧和力量。美国旅馆大王、世界级巨富威尔逊的经历可以给我们一些启示。

威尔逊在创业之初，身无分文，全部家当就是一台分期付款赊来的爆米花机。第二次世界大战之后，他做生意赚了点钱，决定做地皮生意。当时在美国从事这一行业的人并不多，因为战后人们都比较穷，买地皮修房子、建商店、盖房子的人也比较少，所以地皮的价格也非常低。当朋友们得知威尔逊这一决定时，都纷纷劝他改变主意。但威尔逊相信自己的眼光。他认为尽管连年的战争使美国经济很不景气，但美国是战胜国，所以很快就会从战争的创伤中恢复过来。到时由于修建厂房和房屋，一定会大面积用地，地皮的价格一定会暴涨。于是，他便用手中所有的资金和一部分贷款在市郊买下了很多块荒地。

后来的事实的确如威尔逊所料。战后不久，经济复苏，城市由于人口增多，不得不向郊区扩展，马路一直修到威尔逊买的土地边上。这时，人们才惊喜地发现，这里的土地风景怡人，是夏日避暑的好地方，于是纷纷出高价购买。但威尔逊却有自己的打算，他在这片土地上盖起了一座汽车旅馆，命名为"假日旅馆"。由于这里风光怡人，交通便利，所以游客很多，生意兴隆，而他的生意也越做越大，他的旅馆也逐步遍布世界各地。

信心，让我们有勇气去面对生活的苦难；信心，让我们有勇气去改变自己的人生。没有信心，就会失去生存的勇气；充满信心，就会开创属于自己的奇迹。

史泰龙的父亲是一个赌徒，母亲则是一个酒鬼。当父亲在赌场上失意或者母亲在酒后耍酒疯时，就会对他拳打脚踢。在这样的环境中长大的史泰龙心理受到极大的伤害，高中辍学后就在街头当混混。

在他20岁的时候，一件偶然的事刺激了他，他决定要改变生活的态度，因为他不希望自己也像父母那样生活。经过一番慎重地思索，他决定当个演员。下定决心之后，他开始了自己艰难的追梦过程。

他来到了好莱坞，找导演、找明星、找制片……找一切有可能帮助他的人，苦苦地哀求他们："给我一次机会吧，我要当演员，我一定能够成功的！"但是，没有人相信他，他得到的答案几乎都是一个字："不"。后来，他身上的钱用光了，便在好莱坞做些粗重的零活以维持生计。两年来，他遭受了1000多次拒绝。史泰龙并没有灰心，虽被人一次次拒绝，受到人们一次次嘲笑，但他从没有想过要放弃。他心里有一个信念，那就是"我一定能行"，就是这种信念一直激励着他。

这种方法不行，史泰龙便用"迂回前进"的办法，他开始自己写剧本。两年多来的耳濡目染，让他学到了好多东西，所以他已具备了写剧本的基本素质。一年之后，剧本写出来了，他又遍访各个导演，"这个剧本怎么样，让我当男主角吧！"普遍的反应却是，剧本还可以，让他当男主角，简直是个天大的玩笑。他再次遭到拒绝。

但是，信心一直支持着他。可能是他的诚心感动了上帝，一个曾经拒绝过他20多次的导演被他的精神所感动，答应给他一个机会。史泰龙抓住了这个来之不易的机会，全身心投入，不敢有丝毫懈怠。结果不言而喻，他成功了。他的第一部电视剧创下了当时全美的最高收视纪录。

自信就是力量，奋斗就会成功！乔·特纳维尔说："无论你的内心所怀抱着的意念或信仰是什么，它都可能成为真实。因此，切勿在通往无穷智慧的道路上自设障碍，就像当阳光透过三棱镜时，会分成多道光束一样，当自信化作无穷智慧通过你的内心时，也会绽放出不同的光芒。"

> 如果你真的渴望成功，就必须自信。过于自卑，就会使你失去自信心，失去去行动的勇气，同时也会放弃对理想的追求，最终只能是一事无成。因此你若想拥有一个成功的人生，就必须战胜自己，摆脱自卑的束缚。

——搜狐网友心乱芳华

超越自卑，要正视自己

正视自身的优点

> 优越感的目标属于个人，它对每个人来说都是不同的。它依赖于个人赋予生活的意义。不仅仅是言辞，它更显示于个人的生活方式之中，宛如它自己创造的一支奇异曲调贯穿其中，它并不把自己的目标表现得使我们能一目了然。反之，它表达得极为间接，这样我们只能从它给予的线索中猜到。
>
> ——阿德勒《生命对于你意味着什么》

古语云："尺有所短，寸有所长。"人亦有"长"有"短"，人生成功的诀窍之一就是挖掘自己的潜力、经营自己的长处。

人生一如平面直角坐标系，横、纵坐标便决定了你的位置。一个人如果站错了位置——选择用自己的短处而不是长处来立业的话，那常常是十分困难的。有可能最后你会成功，但为此你将耗费比别人更多的时间与精力，代价的惨重也许是你不愿正视的；也有另一种可能，也是最有可能的是你将为你错误的选择而沉沦于永久的懊悔与失意之中。

不管来自何方的河流，它的源头都在高处。一生中你无论怎样东奔西突，最终用来谋生的还是你的长处。

微软公司总裁比尔·盖茨的最高文凭是中学，因为在哈佛大学他没有读完就经营他的电脑公司去了。他是世界上及早发现自己的长处，并果断地去经营自己长处的人，他成为世界首富不足为奇。一个人职业成功与否，并不完全取决于学历的高低，在很大程度上取决于自己能不能扬长避短，善于经营自己的长处。

长处是人生的一片沃土，成就的种子就埋在它的下面，如果你在这里耕耘，它会给你带来意想不到的财富。在这个世界上，每个成功者都是抓住了自己的长处，并把它发挥到淋漓尽致。比尔·盖茨成为人类的首富，迪斯尼画出天才的老鼠，追根溯源，无不是充分发挥了自己的长处。

美国希尔顿国际饭店集团的创立者、闻名遐迩的企业家唐托德·希尔顿喜欢给人讲述这么一个故事：一个穷困潦倒的希腊年轻人到雅典一家银行去应聘一个守卫的工作，由于他除了自己名字之外什么都不会写，自然没有得到那份工作。失望之余，他借钱渡海去了美国。许多年后，一位希腊大企业家在华尔街的豪华办公室举行记者招待会。会上，一位记者提出要他写一本回忆录，这位企业家回答："这不可能，因为我根本不会写字。"所有在场的记者都甚为吃惊，这位企业家接着说："万事有得必有失，如果我会写字，那么我今天仍然只是一个守卫而已。"

长处在哪里？长处在你天性中的某个地方，在你最感兴趣的事物身上。如果你不甘于自己的平庸，它就会立即被唤醒。然而你一旦把它唤醒，它会带你到达往昔从未登临的高峰，这是因为在你的长处里，隐藏着你人生的秘密，那里有你的价值所在。

在人才竞争越来越激烈的今天，许多流连于招聘会上的求职者开始认识到，一个理想的职业应该既能发挥自己的能力，与自己的兴趣和长处相吻合，又能使自己在工作中得到培养。

学计算机专业的小丽去应聘，有一家公司答应给她不菲的年薪，听起来很有诱惑力。她到该公司实地考察，工作环境的确不错，老板只要求她进行一般的文字和数据输入，工作很轻松，但她婉言谢绝了。她说："我不愿接受他们的低职高聘，假如我一直被困在简单的操作中，更有价值的软件开发就成泡影，长久下去，会消损自己的创造力，这不值得。"能否施展才能是她择业时考虑的首要问题。

张先生是一家生产环保产品企业的"头头"。当初他刚去这个企业时，每个月的薪水仅100多元，而其他行业的收入有的已达数千元。张先生没有动摇，他喜欢这种有挑战性的工作，更看准了环保产品未来的前景。他靠家人的贴补熬过了最困难的时期。然而，两年之后，这个企业越来越红火，产品市场占有率越来越高，张先生也凭才能一步步升迁，工资也跟着翻番。他说，我的最大长处就是有耐力，喜爱具有挑战性、创造性的工作，而开办这家环保企业正好使我的长处增了值。

在人生的坐标系里，一个人如果站错了位置，用他的短处而不是长处来谋生的话，那是非常不明智的，他可能会在永久的卑微和失意中沉沦。因此，对一技之长保持兴趣相当重要，即使它不怎么高雅入流，但可能是你改变命运的一大财富。在选择职业时同样也是这个道理，你无须考虑这个职业能不能使你成名，而应选择最能使你的品格和长处得到发展的职业。这是因为经营自己的长处能给你的人生增值，经营你的短处会使你的人生贬值。

富兰克林曾说："宝贝放错了地方就成了废物。"说的就是这个道理。爱默生也曾说过："什么是野草？就是一种还没有发现其价值的植物。"我们每个人都有自己天生的优势，也有自己天生的劣势。无论怎样的人生规划都是为了寻求成功，使自己的人生更有价值。我们也都知道做自己喜欢的拿手的事，总是会更容易些。人生要取得更大的成就，就应该在自己更容易做好的领域科学地规划。所以，成功的人生规划就在于最大限度地发挥自己的优势。

经营自己的长处，保持热情并充分地加以利用，也许你就会因此而改变自己的命运。美籍华人科学家、曾获诺贝尔物理奖的杨振宁教授，年轻时到美国留学，立志要写一篇实验物理论文，但后来他发现自己的动手能力不行，便在导师的劝告下，放弃实验物理全面转入理论物理的研究，这关键性的一步对他来讲实在是非常重要的。他在《读书教学四十年》一文中不无幽默地写道："这是我今天不是一个实验物理学家的道理，有的朋友说这恐怕是实验物理学的幸运。"

世生万物，各有所长。鸟因其有翅膀而翱翔天空；鱼因其善水而遨游江海。它们依靠自己的特长成为万物中的一员，在永恒的生存竞争中占得一席之地。若它们抛弃自己的长处，就只能在生存竞争中成为优胜劣汰的牺牲品。

人生的诀窍同样是要善于经营自己的长处。

伊辛芭耶娃从小就喜欢体操，她梦想有一天能成为世界冠军。她挥汗如雨地练习着，严冬酷暑，舍不得荒废须臾的时间。然而，没几年，阴云袭上她的心头——她的个子越长越高。在体操队里，人长高就意味着土豆发芽，是要被"挖掉"的。本来你可以在空中翻四个跟头，但因长得太高，只能翻两个半了，这样怎么和他人竞争呢？伊辛芭耶娃离开了体操队，但她的冠军梦依然没有放弃。她开始将自己的梦想寄托在另一项运动上——撑杆跳高。这是一个个子越高优势越大的运动项目。

终于，伊辛芭耶娃不仅获得了奥运会、世界田径锦标赛等各种大赛的冠军，而且还多次刷新了女子撑杆跳的世界纪录。

在现实生活中，往往有许多人对失败的结论下得过早，一遇挫折就怀疑自己，做事情常常半途而废。不要这样，目标既已确定，就应永不放弃！

扬长避短是成功的钥匙。人的一生中，不了解自己的弱点并不太可怕，可怕的是不了解自己的长处，因为长处可以让你在这个世界上立足，弱点只是影响你立足的稳度。

如果我们能够准确地发现并发挥自身的优势，经营自己的长处，用积极向上的心态对待人生规划，那我们一定会把理想的风帆扬向成功的彼岸，我们的人生规划一定会是一幅灿烂的画卷。

人生就那么几十年，我们既不能感叹命运，也不能抱怨时代。是鱼，你就到深水中去畅游；是虎，你就到大森林中去奔跑；是鹰，你就到天穹中去翱翔。只要这样，我们每个人就都可以心安理得地坚定地走在自己选定的人生道路上，从而在工作和生活中创造出无穷的乐趣。

一个男孩子出生在布拉格一个贫穷的犹太人家里。他的性格内向、懦弱，而且敏感又多愁，没有一点男子气概，老是觉得周围环境都在对他产生压迫感和威胁感。

男孩的父亲竭力想把他培养成一个男子汉，希望他具有果敢干练、刚毅勇敢的性格特征。

在父亲粗暴且严厉的教导下，他的性格不但没有变得刚烈勇敢，反而更加懦弱自卑，并从根本上丧失了自信心。生活中每一个细节、每一件小事，对他来说都是一个不大不小的灾难。他在困惑痛苦中长大，整天都在察言观色，常独自躲在角落处悄悄咀嚼受到伤害的痛苦，小心翼翼地猜测又会有什么样的伤害落到他的身上。看到他那个样子，简直就没出息到了极点。看来，对于懦弱、内向的他，这确实是一场人生的悲剧，即使想要改变也改变不了。

然而，令人们始料未及的是，这个男孩后来成了20世纪上半叶世界上最伟大的文学家之一，他就是奥地利的卡夫卡。

卡夫卡为什么会成功呢？因为他找到了适合自己穿的鞋，他内向、懦弱、多愁善感的性格，正好适宜从事文学创作。在这个自己营造的艺术王国中，在这个精神家园里，他的懦弱、悲观、消极等弱点，反倒使他对世界、生活、人生、命运有了更尖锐、敏感、深刻的认识。他以自己在生活中受到的压抑、苦闷为题材，开创了一个现代文学创作中全新的文学表现技巧——意识流。他在作品中，把荒诞的世界、扭曲的观念、变形的人格，解剖得淋漓尽致，从而给世界留下了《变形记》、《城堡》、《审判》等许多不朽的巨著。

很多人觉得自己很笨，没有取得什么成就，和别人比起来差多了。要知道，虽然每个人的智商都不一样，但是除了极少数智商特别高的人以外，大多数人的智商都相差无几。这个世界上没有笨蛋，因为每个人都有最出色的一面。

沃斯一直觉得生活很压抑。他父亲是一家大公司的总经理，而他自己只是个普通的学生，甚至要在家庭教师的帮助下才勉强读完所学习的课程。

"我为什么不能像父亲那样出色？"沃斯这样问自己。每一天，他都不快乐，因为他从没有体验到成功的喜悦。

安妮是父亲为他请来的家庭教师，她很奇怪沃斯为什么总是沉默寡言。

"能告诉我为什么你不快乐吗？"安妮问道。

"我没有个性，也从没有获得过成功。"沃斯对安妮说，"你知道，我的父亲是一个非常成功的人，而我作为他的儿子，却非常平凡。我对学习不感兴趣，几乎找不到可以让我感到自豪的事情。我是个笨蛋。"

"哦，沃斯，你听过一句话吗？"安妮问。

"什么话？"沃斯抬起了头，看着安妮。

"世界上没有笨蛋！"安妮说，"这是我的老师告诉我的，而我现在把这句话告诉给你！"

"每个人的智商都不一样，但是上帝是公平的，或许你不擅长某些东西，但总有你擅长的，只不过有的时候，你自己没有发现而已。"安妮接着说，"所以你要去寻找你所擅长的，也就是你所感兴趣的东西。如果你愿意，我可以带你去一个好玩的地方。你一定还没有尝试过飞翔的感觉吧？"

"好吧，也许你说得对。"沃斯轻轻地说。

"好棒的感觉！"他兴奋地对安妮说道，"我想我擅长飞行。仿佛我天生就有这种本领。我把一切都投入这疯狂的追求中，并由此获得自信心。"沃斯终于找到自己所擅长的东西，他也从此获得了自信和快乐。

"我知道自己不是一个才华横溢的人，但我有一个不同寻常的能力。我会飞翔。"他常常这么对别人说。

长大的沃斯后来接管了父亲的公司，并把公司带到了一个非常好的发展阶段，比他父亲那时候还要好，公司的规模扩大了20倍。

台湾著名漫画家朱德庸，25岁就红透宝岛，《双响炮》、《涩女郎》、《醋溜族》等作品在台湾经久不衰，他的作品在祖国大陆也非常畅销。但令人想不到的是，小时候的朱德庸却是一个差生。

朱德庸天生对图形很敏感，但对文字类的东西接受起来却很困难。在十几年的学生时期，他一直认为自己非常笨。读中学的时候，朱德庸完全没有办法接受刻板的"填鸭式"教育方式。他像个皮球一样被许多学校踢来踢去，就连最差的学校也不愿意招收他。

开始他也像老师们一样认为自己非常笨。十几岁以后才明白，自己不是笨，是有学习障碍。他发现自己天生对文字反应迟钝，但对图形很敏感。

谈到求学时的痛苦经历，朱德庸说："我的求学过程非常悲惨！学习障碍、自闭、自卑，只有画画使我快乐。"他说："外面的世界我没法待下去，唯一的办法就是回到自己的世界。因为这个世界里有我的快乐。在学校里受了老师的打击，我敢怒不敢言，但一回到家我就画他。狠狠地画，让他死得非常惨，然后自己心情就会变好了。"

他的父母为此伤透了脑筋，他们动不动就被老师叫到学校去，听老师训话，还时常要带着小德庸到各个学校去看人家的脸色，求人家收留自己的孩子。幸运的是，朱德庸的父母从不给他施加压力，一直任他自由发展。他的爸爸会经常裁好白纸，整整齐齐订起来，给他做画本。

朱德庸后来回忆说："如果我的父母也像学校老师一样逼我学习。那我肯定要死……每个人都有天赋，但是有些人的天赋被他们的家长或者被社会的习惯意识遮盖了，进而就丧失了。"在这一点上朱德庸很感谢自己的父亲，在他小时候非常想画画又总拿着笔画个不停的时候，他的父亲没有阻止他，相反还支持了他。

关于天赋，朱德庸有非常独到的见解：

"我相信，人和动物是一样的，每个人都有自己的天赋，比如老虎有锋利的牙齿，兔子有高超的奔跑、弹跳力，所以它们能在大自然中生存下来。人也是一样，不过是很多人在成长过程中把自己的天赋忘了。就像有的人被迫当了医生，而他可能是怕血的，那他不会快乐。人们都希望成为老虎，而这其中有很多只能是兔子，久而久之，就成了四不像。我们为什么放着很优秀的兔子不当，而一定要当很烂的老虎呢？""社会就是很奇怪，本来兔子有兔子的本能，狮子有狮子的本能，但是社会强迫所有的人都去做狮子，结果出来一批烂狮子。我还好，天赋或者说本能没有被掐死。"

我们每个人都有自己的强项。在一帆风顺的时候，我们是在发挥自己的强项；在遇到困难的时候，我们更要发挥自己的强项，用强项摆脱困境。

在美国有一个名叫克利的青年，他本是一个非常快乐的人。拥有一个幸福的家庭。可是在一次不幸的车祸中弄断了一条腿，被工厂老板炒了鱿鱼，只好在家闲着。克利感到非常沮丧，对生活失去了信心。认为自己是一个废人了，一生都可能拖累别人，所以他提出和妻子离婚。

妻子不同意离婚，并鼓励他说，你的腿没了，但你还有手，你可以靠自己的双手来养活自己，你应该找一个适合自己的工作。

一次，他的儿子拿来一辆弄坏的电动遥控车让他修理，克利曾经做过电工，这点小事难不倒他，他很快就把遥控车修好了。儿子十分高兴，说："爸爸，你真行！以后我的玩具坏了都让你修理。"

儿子的话提醒了克利，他想，现在的玩具越来越高级，大都是电动玩具或声、光、电的遥控玩具，价钱很贵，但这些高级玩具都经不住摔打，小孩玩不了几天就出故障。当时还没有修理玩具的专业店，自己何不试一试呢。于是，他便买来一些玩具，天天对着这些玩具来研究它们可能会出现的毛病，然后再寻找办法来修理。他还经常看一些关于玩具制造的书。不久，他就能修理一些高级的玩具了。

于是，他就开了一家玩具修理店，还起了一个新奇的名字：克利玩具急诊所。

开业的第一天，就来了一大批小顾客，克利凭着娴熟的手艺，很快就将这些玩具修理好了。于是。这批小顾客便成了"小广告"，四处宣扬。"克利玩具急诊所"的名声不胫而走，满城皆知。顾客一批接着一批来，不到一年的工夫，克利已使1000多个玩具死而复生，这些"病号"包括小到拳头大的电动猴子，大到电动摩托车，还有游戏机、卡拉OK机等。修理费视玩具的大小贵贱而定，每天都收入不菲，克利也在修理过程中积累了丰富的经验。这样，克利不仅养活了自己，而且还积累了一笔财富。

> 当我们的人生道路出现偏差的时候，也能因为有目标的指引而回归正途。即使在某一方向受到挫折，也能积极努力地为自己找寻到更多的新途径，而不会陷入一时的挫折中而无法前进。
>
> ——腾讯网友极品妖孽

不可自暴自弃

身体的缺陷并不能强迫人们采取错误的生活模式。

——阿德勒《阿德勒的智慧》

要心灵能够找出克服困难的方式，有缺陷的器官也许会是重大利益的提供源。很多画家或者诗人都曾蒙受失明之苦，但是，这些缺陷被他们的心灵驯化之后，它们的主人比正常人更好地运用了自己的眼睛来达成多种目标。

大部分人在一生中都不会一帆风顺，难免会遭受挫折和不幸。但是成功者和失败者非常重要的一个区别就是，失败者总是把挫折当成失败，从而使每次挫折都能够深深打击他胜利的勇气；成功者则是从不言败，在一次又一次挫折面前，总是对自己说："我不是失败了，而是还没有成功。"一个暂时失利的人，如果继续努力，打算赢回来，那么他今天的失利，就不是真正失败。相反地，如果他失去了再战斗的勇气，那就是真输了！

美国著名电台广播员莎莉·拉菲尔在她30年职业生涯中，曾经被辞退18次，可是她每次都放眼最高处，确立更远大的目标。最初由于美国大部分的无线电台认为女性不能吸引观众，没有一家电台愿意雇佣她。她好不容易在纽约的一家电台谋求到一份差事，不久又遭辞退，说她跟不上时代。莎莉并没有因此而灰心丧气。她总结了失败的教训之后，又向国家广播公司电台推销她的清谈节目构想。电台勉强答应了，但提出要她先在政治台主持节目。

"我对政治所知不多，恐怕很难成功。"她也一度犹豫，但坚定的信心促使她去大胆地尝试了。她对广播早已经轻车熟路了，于是她利用自己的长处和平易近人的作风，大谈即将到来的7月4日国庆节对她自己有何种意义，还请观众打电话来畅谈他们的感受。听众立刻对这个节目产生兴趣，她也因此而一举成名了。

如今，莎莉·拉菲尔已经成为自办电视节目的主持人，曾两度获得重要的主持人奖项。她说："我被人辞退18次，本来可能被这些厄运所吓退，做不成我想做的事情。结果相反，我让它们鞭策我勇往直前。"

如果一个人把眼光拘泥于挫折的痛感之上，他就很难再抽出身来想一想自己下一步如何努力，最后如何成功。

一个拳击运动员说："当你的左眼被打伤时，右眼还得睁得大大的，才能够看清对物，也才能够有机会还手。如果右眼同时闭上，那么不但右眼也要挨拳，恐怕命都难保！"拳击就是这样，即使面对对手无比强劲的攻击，你还是得睁大眼睛面对受伤的感觉，如果不是这样，一定会失败得更惨。其实人生又何尝不是这样呢？

大哲学家尼采说过："受苦的人，没有悲观的权利。"已经受苦了，为什么还要被剥夺悲观的权利呢？因为受苦的人，必须要克服困境，悲伤和哭泣只能加重伤痛，所以不但不能悲观，而且要比别人更积极。

在冰天雪地中历险的人都知道，凡是在途中说"我撑不下去了，让我躺下来喘口气"的同伴，很快就会死亡，因为当他不再走、不再动时，他的体温就会迅速地降低，接着很快就会被冻死。可不是吗？在人生的战场上，如果失去了跌倒以后再爬起来的勇气，我们就只能得到彻底的失败。

著名的文学家海明威的代表作品《老人与海》中有这么一句话："英雄可以被毁灭，但是不能被击败。"英雄的肉体可以被毁灭，可是英雄的精神和斗志则永远在战斗。有一句名言则这样说过："成功是指最终实现了目标，但并不意味着从不受到挫折。成功是赢得了整场战争，而不是赢得每一场战斗。"有些人做事只是一时的热情，当他们遇到了挫折，就失去了积极的心态。他们开始是对的，但是一遇到挫折，就用消极心态来麻痹自己，慰藉自己，封闭自己，固守着他们的消极心态，期望天上会掉下馅饼。他们不了解消极心态产生的后果。

消极心态会摧毁人们的信心，使希望泯灭，它像一剂慢性毒药，吃了这副药的人会慢慢变得意志消沉，失去任何动力，则成功就会离他越来越远。

"消极"是一个贬义词，它会使人们远离成功。

1. 限制潜能发挥

人不可能取得自己并不追求的成就。人不相信他能达到的成就，他便不会去争取。消极心态者不但想到世界最坏的一面，而且想到自己最坏的一面。他们不敢企求，成了自己潜能最大的敌人。

2. 丧失机会

一到关键时刻，消极心态便散布疑云迷雾，即使出现机会，也看不清，抓不到。

3. 失道寡助

没有人会喜欢消极者。得不到别人（特别是成功者）的支持和帮助，成功即是奢谈。

4. 不能充分享受人生

在人生的整个航程中，消极心态者一路上都在晕船。无论目前境况如何，他们对未来总是感到失望、恶心。在"作呕"的状况下，无意认定目标，无力操控航向，只好随波逐流，任由漂荡。何谈快乐、成功、健康，更谈不上充分享受人生旅程中美好的风光。

5. 使希望破灭

消极心态者总是埋怨、责怪、指责别人，找借口，推卸责任。因丧失责任感而摧毁自我信心，使希望泯灭。看不到将来的希望，也就激发不出任何动力。

6. 消耗掉90%的精力

消极的情绪容易恶性循环，变本加厉，使消极者日复一日在消极的境遇中挣扎。

有这样一个故事。

一位年轻人在给心理医生写的信中这样说：

一年之计在于春，可是对我而言，在这个万象更新的季节，我对人生的希望都化为泡沫了。

我之所以沦落到今时今日的地步，实在是自作自受，完全与别人无关。回顾过去的二十几年，我似乎一直与自己作对，不让自己好好地过日子。让我举几个例子吧。

8年前，我几经辛苦才考进XX大学。可是我并没有好好地利用这个难得的机会，我整天游手好闲，不去上课，考试时也不参加，结果被开除学籍。

事后，我痛定思痛，进了一家汽车公司做推销。第一年我非常勤奋地工作，营业额是全公司的冠军，总经理对我另眼相看，暗示我好好地干下去肯定前途无量。可是不知道为什么，我变得心灰意冷，工作态度差了很多，结果还与上司吵了一架，觉得留在公司没有意思，便辞职离开了。

在工作方面，我差不多一年转一次公司。我不是应付不了工作，而是总是做到差不多一年就会发生问题，似乎容忍不了自己变得更好。

不过工作并不是唯一使我伤感的事情，在恋爱方面，我的际遇更惨。女孩子很容易喜欢上我，可是她们最终总是被我气走。活到这份儿上，我是不是该为自己做个了断呢？

上例中的青年实际上是一个消极的自毁倾向严重的人。他不喜欢自己，总是亲手毁掉自己的幸运，那么当然会生活得非常痛苦。许多人对自己很苛刻，这种苛刻只会削弱自我感觉，与自我的不良关系就会成为抑郁的前奏，不久这种关系会随抑郁的发展继续恶化。

上例中的青年简直不能接受有好的事情发生在他的身上——老板对他好，看得起他，他急不可待地证明老板看错了他；社会优待他，给他机会接受高等教育，他轻易地抛弃大好机会；女孩子排队来填补他空虚的灵魂，他好像赶瘟神似的把她们赶走。他的人生目标似乎是彻底破坏自己的幸福。

有自毁倾向的人是那种不喜欢自己甚至讨厌自己的人。这种人不能允许自己有成功的人生，因此到处与自己作对，把自己赶上绝路，严厉地惩罚自己，到最后真的没路可走时，有些会走上自尽的道路。

如果我们的脑海中存在压力或失败的念头，就势必会导致失败。从这个故事中，我们就会明白，人的意识和潜意识具有操纵人命运的巨大能量。如果意识给潜意识一个目标，潜意识就会为实现这个目标而行动起来；如果意识给潜意识一个指令，潜意识就会认真去执行这个指令。所以说，一个人想着成功，就可能成功；想着失败，就会失败。一个人期望的多，获得的也多，期望的少，获得的也少。成功是产生在那些有了成功意识的人身上，失败根源于那些不自觉地让自己产生失败意识的人身上。

有个名叫格兰恩·卡宁汉的人，自小双腿因烧伤无法走路。然而，他却成为人类历史上长跑最快的选手之一。

卡宁汉告诉我们，一个运动员的成功，85%靠的是信心和积极的思想。这就是说，你要坚信自己可以达到目标。他说："你必须在三个不同的层次上面努力，即生理、心理与精神。其中精神层次最能帮助你，我不相信天下有办不到的事。"

积极心态的确能使人转败为胜，将弱点转化为力量。使人转弱为强的最有效的方法是在人生中建立积极的信仰。

拥有积极的心态，你就可以将自己的弱点积极地转化为优点或长处。这种转化的过程有点类似焊接金属一样，一块破裂的金属片经过焊接后，反而比原来更坚固。这是高度的热力使金属的分子结构更为严密的缘故。

印度有个心理学家名叫卡乐拉，他曾一度消极低沉，甚至走到自杀的地步。生命对他已无任何意义可言，生活中已无任何希望。多年前的一个晚上，他散步到公园的一处草地上，计划在那里自杀。他随身带了一瓶毒药，一口喝尽，躺在那儿等死。

第二天，当他睁开眼睛，发觉自己没死。他想不通自己为什么会没有死。他后来认为，这是上帝的意思，是上帝希望他活下来，因为另有任务给他。当他知道自己仍然活着，突然间重新有了生存的渴望。他感谢上帝的恩赐，让他活下去并且下定决心，一定要活下去，并且决定要以帮助他人为职责。

卡乐拉自此变成了一位特殊的积极思想者，他把帮助他人当做自己生命的全部使命。

对于每一个人来讲，都应该克服自己的弱点。伤感、失望、恐惧、生气、沮丧、酗酒……无论是什么，都不能永远打败你。

找到自己真正喜爱的东西，找到能够发挥自我优势的行业，是从我们积极尝试开始的。也就是说，自己到底需要什么，是自己摸索而来的。当你用积极的心态去挑战成功时，你就会不断地努力，去寻找自己的优势，通过这种不断寻求，以得到更多的东西。

但是也许有的人一旦遇到挫折与困难，就放弃寻找更多的东西，终于由于自身的不足而导致失败。

消极的心态是造成失败的主凶。你可能了解一些事实、普遍的定律和力量，但是未能把它们应用于特殊的需要，不知如何来利用、控制或协调已知和未知的力量。

著名的心理学家威廉·詹姆斯指出，要使一个人真正努力确实很困难。通常人经过短暂的努力之后会感到很疲倦，然后我们会想半途而废。但是，只要多努力一点，就可以获取更大的能力，只要我们多督促自己一些，便会发现自己潜藏着无限精力。真正去推动自己，必会得到惊人的效果。

为什么有些人就是比其他的人更成功，赚更多的钱，拥有不错的工作、良好的人际关系、健康的身体，整天快快乐乐，似乎他们的生活就是比别人过得好，而许多人忙忙碌碌地劳作却只能维持生计。其实，人与人之间没有多大的区别。但为什么有许多人能够获得成功，能够克服万难去建功立业，有些人却不行？

在推销员中，有这样一个故事一直广泛流传着：两个欧洲人到非洲去推销皮鞋。由于那里天气炎热，非洲人向来都是打赤脚。第一个推销员看到非洲人都打赤脚，立刻失望起来："这里的人都打赤脚，怎么会买我的鞋呢！"于是放弃努力，沮丧地打道回府。另一个推销员见到非洲人打赤脚，惊喜万分："这些人都没有皮鞋穿，这皮鞋市场大得很呢。"于是想方设法，引导非洲人购买皮鞋，最后发了一笔大财。

成功与失败仅在一念之间，这就是心态的作用。同样是非洲市场，同样面对打赤脚的非洲人，由于一念之差，一个人灰心失望，不战而败；而另一个人则满怀信心，大获全胜。

生活中，失败、平庸者多，主要是他们的心态有问题。遇到困难，消极心态者总是挑选容易的倒退之路。"我不行了，我还是退缩吧"，结果陷入失败的深渊。而积极心态者遇到困难，仍然保持积极的心态，用"我要！我能！""一定有办法"等积极的意念鼓励自己，于是便能想尽办法，不断前进，直至成功。发明大王爱迪生在几千次失败的试验面前，绝不退缩，最终成功地发明了照亮世界的电灯。

成功人士运用积极心态支配自己的人生。拥有积极心态的人始终用积极的思考、乐观的精神和丰富的经验支配和控制自己的人生；消极心态者刚好相反，他们是受过去的种种失败与疑虑所引导和支配的，他们空虚、猥琐、悲观失望、消极颓废，最终走向了失败。

运用积极心态支配自己人生的人，拥有积极奋发、进取、乐观的精神。他们能乐观向上地正确处理人生遇到的各种困难、矛盾和问题。受消极心态支配的人，他就会悲观、消极、颓废，不敢也不去积极解决人生所面对的各种问题、矛盾和困难。在日常生活中可能会碰到极令人兴奋的事情，也同样会碰到令人消极的、悲观的坏事，这本来应属正常。如果我们的思维总是围着那些不如意的事情转动的话，也就相当于往下看，那么，我们终究会摔下去的。因此，如果我们要恢复信心，那么我们就应尽量做到脑海想的、眼睛看的以及口中说的都应该是光明的、乐观的、积极的话题，发扬往上看的精神才能在我们的事业中实现成功。

许多人最常见同时也是代价最高昂的一个错误，是认为成功有赖于某种天才、某种魔力、某些我们不具备的东西。然而事实是，成功是运用积极心态的结果。一个人能飞多高，并非由人的其他因素，而是由他自己的心态所决定。

美国著名成功学家拿破仑·希尔告诉我们，我们的心态在很大程度上决定了我们人生的成败：

我们如何对待别人，别人就如何对待我们。

我们如何对待生活，生活就如何对待我们。

我们在一项任务刚开始时的心态就决定了最后将有多大的成功，这比任何其他因素都重要。

人在任何重要组织中地位越高，就越能找到最佳的心态。

所以，我们的环境——心理的、感情的、精神的，完全由我们自己的态度来创造。

（1）你的言行举止要像你希望成为的人。许多人总是等到自己有了一种积极的感受再去付诸行动，这些人是在本末倒置。积极行动会导致积极思维，而积极思维决定积极的人生态度。心态是紧随行动的，如果一个人从一种消极的心态开始，等待着感觉把自己带向行动，那他就永远成不了他想做的积极心态者。

（2）要心怀必胜、积极的想法。美国钢铁大王安德鲁·卡内基说过："一个对自己的内心有完全支配能力的人，对他自己有权获得的任何其他东西也会有支配能力。"当我们开始运用积极的心态并把自己看成成功者，我们就成功一半了。

（3）心存感激。在日常生活中，那些持有消极心态的人常常抱怨：父母抱怨孩子们不听话，孩子们抱怨父母不理解他们，男朋友抱怨女朋友不够温柔，女朋友抱怨男朋友不够体贴。在工作中，也常出现领导埋怨下级工作不得力，而下级埋怨上级不够理解自己，不能发挥自己的才能。他们总是抱怨生活而不是感激生活。拿破仑·希尔认为，如果你常流泪，你就看不见星光。对人生、对大自然的一切美好的东西，我们要心存感激，则人生就会显得美好许多。

（4）到处寻找适时的新观念。有积极心态的人时刻在寻找适时的新观念。这些新观念能增加积极心态者的成功潜力。正如法国作家维克多·雨果说的："没有任何东西的威力比得上一个适时的主意。"

（5）放弃鸡毛蒜皮的小事。有积极心态的人不把时间精力花在小事情上，因为小事使他们偏离主要目标和重要事项。当一个人对一件无足轻重的小事情作出小题大做的反应时，这种偏离就产生了。

（6）使你遇到的每一个人都感觉到自己重要、被需要。每个人都有一种欲望，即感觉到自己的重要性，以及别人对他的需要与感激。这是我们普通人的自我意识的核心。如果你能满足别人心中的这种欲望，他们就会对自己，也对你抱积极的态度。一种大家共同发展、共同走向美好的局面就将形成。正如美国19世纪哲学家兼诗人拉尔夫·沃尔都·爱默生说的："人生最美丽的补偿之一，就是人们真诚地帮助别人之后，同时也帮助了自己。"

（7）培养奉献的精神。曾被派往非洲的医生及传教士阿尔伯特·施惠泽说，人生的目的是服务别人，是表现出助人的激情与意愿。这句话的意思就是，一个积极心态者所能做的最大贡献是给予别人。

（8）学会微笑。微笑是上帝赐给人类的专利，微笑是一种令人愉悦的表情。当你面对一个微笑着的人，你会感到他的自信、友好，同时你也会被这种自信和友好感染，油然而生出自信和友好来，使你和对方亲近起来。微笑是一种含义深远的肢体语言，微笑是在说："你好，朋友！我喜欢你，我愿意见到你，和你在一起我感到愉快。"微笑可以鼓励对方的信心，微笑可以融化人们之间的陌生感和隔阂。但是微笑必须是真诚的，发自内心的。正如英国谚语所说："一副好的面孔就是一封介绍信。"微笑，将为你打开通向友谊之门，更为你建立积极的心态创造良好条件。

（9）用美好的感觉、信心与目标去影响别人。随着你的行动与心态日渐积极，你就会慢慢获得一种美满人生的感觉，随着信心的日益增长，你的人生目标也越来越明确。随后，别人会被你吸引，因为人们总是喜欢跟积极乐观者在一起。运用别人的这种积极响应来发展积极的关系，同时帮助别人获得这种积极态度。

人的心理活动，可以说没有一刻是平静的，忽而兴奋、欢乐，忽而沮丧、消极。情绪乐观的人也有他自己的不幸与烦恼，而悲观的人思想更容易被消极情绪占领，或哀叹嗟悔、灰心丧气，或牢骚满腹、怨天尤人。今天挨老板骂了，就觉得自己工作能力太差；和女朋友吵架了，就觉得世上没人理解自己；和朋友闹点不愉快，就觉得自己以前的真诚友好都白费了。结果没有一天的心情是愉快的。

容易悲观的人感到莫名的悲伤，世界变得那样灰暗，连嘴里都有一种苦涩。从往事的追忆中传来的钟声在身畔悠然回荡，却激不起内心一丝欢乐，生命竟如此无奈；明朗晴空，他走在满是行人和鲜花的街上，却丝毫感受不到勃勃生机，心中全是忧伤；夜深人静时，他辗转难眠，往事历历在目，脑中却是虚无和空荡；电视剧或新闻报道，都能勾起他对伤心往事的回忆；而别人洋洋自得的交谈或者闲聊，则会增添他的烦恼和沮丧；电台里播放的歌曲音乐节目，会在他的脑海中形成一幅画面，唤起他痛苦的回忆；某次宴会的点菜，某次朋友聚会，某个熟悉的场景，或者街上的陌生人、模特儿、衣服的款式、医院、公园、影院或学校都会让他触景生情。

悲观是人对自己言行不满而产生的一种不安情绪。它是一种心理上的自我指责、自我的不安全感和对未来害怕的几种心理活动的混合物。

容易悲观的人处世谨慎，处处提防自己行为不要出格。一旦有了行为的失检，总是害怕大难临头。同时他们也有很强的"良心"自监力，即使没有什么严重后果，也绝不饶恕自己。

容易悲观的人往往心地善良，洁身自好，习惯在处理事情时忍让、退缩、息事宁人，但他们是生活中的弱者，生性胆小、怯懦。他们不仅对自己的言行不检

"负责"，甚至也对别人的过错"负责"。当别人瞪了自己一眼，他会立即觉得自己肯定做了不好的事。极端悲观的人常用过激的反常性的方法保护自己。越是怕出错的人，他们的眼睛越是盯在过错上。一句话会悔半天，人家并未介意的事他也精神过敏。他对人际冲突极为恐惧，解决人际冲突的办法也很奇怪。自己的孩子被人家打了，他反而打骂自己的孩子，因为孩子给自己惹事生非。

悲观想法有时是一种认知的扭曲，它具备以下特征：

（1）自我化。"我变胖了，所以开会时大家一直看着我"。你喜欢将事情揽在自己身上，事实就难免被你扭曲。

（2）不是什么就是什么的想法。"我若没选上委员会主席，就是个彻底的失败者"。

（3）夸大。"我没办法做任何事——我的婚姻快完了"。在你过度地高估你问题的严重性的同时，你也低估了自己解决问题的能力。你在没任何证据的前提下就妄下结论，还自以为是。

（4）忽视积极面。"晚餐当然还不错，但我把饭烧焦了"。你较容易记得事情的消极面，或以消极方法看待积极的事情，用以证明你负面的自我印象是正确的。

（5）过度类化。"没人喜欢我……我失去所有的朋友……什么事都不对……"

（6）妄下结论。这种扭曲有两部分，一是揣测心理，例如："他不理我，一定是我做错了什么"。二是未卜先知，例如："医生不告诉我检查结果，我一定真的病了"。

人们经常不自觉地用一种刀子来刻画自己的形象，"因为我是忠厚无能的人，所以我能忍气吞声，宁愿伤害自己也不指责对方"。这一形象一旦刻画成功，品尝"后悔"的苦酒就成为一种自我安慰的享受。一事过后，不是寻求胜利的喜悦而是寻觅不幸与失误。只有打破这种感情体验的习惯，只有不再沉湎于后悔体验，才能很有效地克服悲观情绪。

有的人害怕行为失误会给自己带来危险，其实真正危险的不是危险本身，而是害怕危险的心理，这比危险本身更为可怕。你如果在最担心害怕的时候，向自己大喊一声："我豁出去了！"可能就不那么担惊受怕了。培养乐观的、洒脱的、豁达的性格，将会使你终生受益。

面对当今越来越复杂、越来越纷乱的社会，在背负巨大心理压力的同时，我们经常还会碰到各种各样的困难和挫折，如失业下岗、家庭变故、婚姻失败、学业不顺、经济危机等诸多问题。当这一切突如其来时，一切取决于我们内心是否强大。

人的一生，不知道遇到多少艰辛和坎坷，还有多种的厄运和不幸，就因为有那火焰般的希望燃烧在内心，才使得我们不甘心被眼前的困难所吞噬，不甘心让暂时的挫折束缚了前行的脚步，从而焕发生机与活力，锲而不舍地寻觅和追求。只有保持乐观精神的人生才是有力的。是的，将希望根植在不惧怕绝望的渴求中，即使你的人生之路千回百转，你也不会放弃追求的脚步；即使你历经失败，你也会调整人生的坐标，再次上路。

每个人的一生都会遇到诸多的不顺心，个性悲观消极的人在遇到困境时，看不到前途的光明，抱怨天地的不公，甚至破罐子破摔，在精神上倒下；而个性积极乐观的人在遇到困境时，能够泰然处之，认定活着就是一种幸福，无论是顺境还是逆境，都一样从容安定，积极寻找生活的快乐，不浪费生命的一分一秒，于灰暗之中向往光明，在精神上永远不倒。

一个人是可以既征服着困难，又生活得很快乐的。有人曾经问过一些饱受磨难的人是否总是感到很痛苦和悲伤，有的人答道："不是的，倒是很快乐，甚至今天我还因回忆它而快乐。"为什么呢？这是因为他从心理上战胜了磨难，他从磨难中得到了生活的启示，他为此而快乐。

（1）为今天，我要让自己的身体更加健康，我要多运动，不损伤它，不忽视它，打好我争取成功的基础。

（2）为今天，我要加强并提高我的思想。我要学一些我还欠缺的东西。我不要做一个胡思乱想的人。我要看一些需要认真思考、集中精力才能看的书。

（3）为今天，我要让自己适应世界，而不能让世界来适应我的欲望。

（4）为今天，我要照计划去做每一个钟点的事。也许我不会完全照着去做，但至少我可以免除两个缺点：过分仓促和犹豫不决。

（5）为今天，我要做一个讨人喜欢的人。外表要装饰，衣着要得体，说话、行为要文雅，不在乎别人的毁誉，不挑剔别人的行为，不去干涉或是教训别人。

（6）为今天，我要快乐。就像林肯所说的：大部分的人只要下定决心都能很快乐。

（7）为今天，我要为自己留下安静的半点钟，轻松一番，并充满幻想。

（8）为今天，我要做三件事来锻炼我的意志：提高我的修养；为别人做一件好事；做两件我并不想做的事。

（9）为今天，我要试着只去考虑今天的事，不去妄想把一生的问题都在今天解决。虽然我可以一天工作12个小时，但如果一辈子这样去做，就会吓坏了我。

（10）为今天，我要扫除恐惧。我要去欣赏美的一切，去爱，去相信我爱的那些人会爱我。

在日常生活中，你常常会因为许多事情而引起无限感触。你常常白天一言不发地皱眉凝思，晚上却莫名其妙地以泪洗面。究竟为什么？你自己也搞不清楚。直到有一天皱纹悄悄爬上眼角，你才顿然领悟到：自己过去之所以从未快乐过，主要是因为总把逝去的一切看得比实际情况更好；总把眼前发生的一切看成是最糟糕的，总把未来的前景描绘得过分乐观。如此形成了恶性循环，于是便钻入"庸人自扰"的怪圈里了。

有两个青年同时到一家公司求职，经理把第一位求职者叫到办公室，问道："你觉得你原来的公司怎么样？"

求职者面色阴郁地回答道："唉，那里糟糕透了。同事们尔虞我诈，勾心斗角，部门经理以势压人，整个公司死气沉沉，生活在那里令人感到很是压抑，所以我想换个理想的地方。"

"我们这里恐怕也不是你所想的乐土。"经理说，于是这个年轻人满面愁容地走了出去。

第二个求职者也被问到这个问题，他答道："我们那儿挺好，同事们互相帮助、互相理解，经理们平易近人，关心下属，整个公司气氛融洽，大家在一起很愉快。如果不是为了发挥我的特长，我真不想离开那儿。"

"你被录取了。"经理说。

一味抱怨的悲观者，看到的总是灰暗的一面，即便到春天的花园里，他看到的也只是折断的残枝，凋零的花朵，墙角的垃圾；而乐观者看到的却是姹紫嫣红的鲜花，迎风飞舞的蝴蝶。自然，他的眼里到处都是春天。

我们有两种态度来看待世界上的事物，一是乐观的态度，另一个是悲观的态度。

假如你是个悲观的人，选择了悲观的态度，那么你将时时遭受忧郁、痛苦的折磨。你的工作、你的健康因此要受到损毁，你的心田常常阴暗压抑。

假如你是个乐观的人，你随时可以因需要而选择去用它；你不必担心自己变成乐观的奴隶，你可以自由地去选择。你可以在你认为用了乐观会使你不再沮丧、有更高成就或更加健康时，选择快乐。你也可以在你需要清晰的判断力时，选择快乐。使用乐观不会减少你的价值观或判断力，相反，它会让你可以自由运用它来完成你的既定目标，使你的智慧更加完全地发挥。

具有乐观情绪的人认为失败是可以改变的，结果往往能转败为胜。悲观的人则把失败归于个性和能力上的不足。不同的解释对人生的抉择会造成深远的影响。举例来说，乐观的人在求职失败时多半会积极地拟定下一步计划或寻求协助，亦即视求职的挫折为可补救的。反之，悲观的人认为已无力回天，也就不思解决之道，结果更加失败。

美国作家海勒斯四十多岁的时候，患了一种"结缔组织功能减退"的疾病，他的身体因此很多部位都瘫痪了，医生诊断海勒斯复原的机会只有五百分之一。

不过，海勒斯倒是从不放弃希望。当躺在病床上的时候，他经常和医疗人员说笑、玩扑克，看滑稽的喜剧片。后来他发现一件事，只要他大笑十分钟以上，他身体的疼痛就会减轻。从此以后，海勒斯经常用笑声来自疗。医生发现海勒斯体内的化学平衡居然持续地改善，经过长期与病魔抗争，最后竟然痊愈。医生们认为这简直是奇迹。

悲观的心态泯灭希望，乐观的心态则能激发希望。乐观与希望都可通过学习而得，正如绝望与无力也可以慢慢养成。乐观与希望其实都是建立在心理学家所谓的能力感上，亦即相信自己是人生的主宰，能够应付未来的挑战。任何一种能力的提高都有助于培养能力感，能力感的增强又使你更愿意冒险与追求挑战，而一旦克服挑战便更增强了能力感，这样你就进入了一个良性的循环。这样的心态能使你既有的能力得到最大的发挥，也能促使你培养你所缺少的能力。

希腊思想家苏格拉底虽然常年穿着皱巴巴、分不清季节的及膝短袍，但他却是一个极其乐观的人，他的乐观可谓登峰造极、炉火纯青，在被泼妇般的妻子骂得狗血喷头、又被泼成落汤鸡后，他竟摸摸头、抹抹脸上的水，向路人自我解嘲："雷鸣过后必有暴雨……"

人生是一串无数烦恼穿成的念珠，乐观的人总是一面笑着一面数念珠。既然快乐着能过完每一天，痛苦着也一样过完每一天，那就让我们乐观地面对人生吧。

有这样一个具有代表性的故事。在香港，有一位来自山区的贫困青年，为了摆脱穷困的生活现状，通过亲戚在市区找了一份杂工。一次偶然的机会他随一个同事到赌场玩，几个小时下来，他将身上仅有的100元钱变成了1000元钱。于是青年认为自己发现了一条快速生财的捷径。第二天，青年带上500元钱再度光临赌场，认为反正这钱是白来的，即使输了也无所谓，如果赢了，那么自己很快就会摆脱贫困的生活。这一次，他两手空空而返，但在心理上他只认为是今天的运气不好而已。第三天，存在侥幸心理的他带上所有的钱又去碰运气，结果是血本无归。第四天，他从亲友那借了200元，想挣回自己的100元，但那200元同样一去不复返了。每月发完工资，为了翻本，这青年一次又一次地光临赌场，苦苦等待好运的再次光临，结果没能改变现状，反而使自己的生活更加狼狈，整日借酒消愁，一蹶不振。

到底为什么？我们总是说：这青年太傻了，想挣钱可以理解，但哪有靠赌博能发家致富的。有些人还会说：这青年太笨了，要是我，赢了1000元就不再去赌。但别忘了，每个想靠赌博挣钱的人，大概都曾说过相似的话。一个人为了摆脱贫困而选择了一条自认为是快捷的途径，虽然是错误的，身边的亲朋好友可能都劝告他不要执迷不悟，但是为了急于满足内心的需要，他终究还是选择了顺着这条错误的路走下去。等到激情过去，残酷的现实使他明白了自己走的路是错误的。他牺牲了亲情、友情，却换来这样的结果。青年当然不能接受，在不能改变生活现状的情况下，他只好改变自己的认知，他得说服自己，走那条路固然危险，但是高风险才有高回报。等到青年被赌场骗去更多的钱时，没有太多经济收入的他就更不能放弃了。其实，这就像股票套牢的观念一样——都套那么多了，说什么也不能卖，一卖就损失惨重，所以只好牢牢地抱着，眼睁睁地看着股价一直下跌。

对于这个青年而言，明确的做法是理智地放弃不属于自己的生财之道，脚踏实地地重新再来。虽然你可能会说："说起来容易，做起来难。"但是当你意识到出现了错误的时候，你要及时做出改变。

当你的人生之路出现偏差的时候，要能说服自己立刻停下脚步，重新审视前进的方向。

路有很多，但最关键的是能够把握自己。

为了培养乐观的精神，就必须注意做到以下几点：

（1）从事有益的娱乐与教育活动。观看介绍自然美景、家庭健康以及文化活动的录像带。当你受到挫折和不良情绪的折磨时，你就要想办法积极地改变环境，最好的办法就是拥抱自然，在大自然里呼吸清新的空气，欣赏五彩缤纷的色彩，聆听小鸟欢快的歌声。大自然中的绿意盎然、蓬勃的生机，会使你心旷神怡，除却烦恼，使心情变得轻松。

（2）在幻想、思考以及谈话中，应表现出你的健康情况很好。每天对自己做积极的自言自语，不要老是想着一些小毛病，像伤风、头痛、刀伤、擦伤、抽筋、扭伤以及一些小外伤等。如果你对这些小毛病太过注意了，它们就会给你的心情造成障碍。你脑中想些什么，你的身体就会表现出来。在抚养及教育孩子时，这一点尤其重要，要专门想着家庭的好处，注意家庭四周的健康环境。

（3）结交朋友，用心帮助朋友，并诚恳地请求帮助。不要忽视帮助别人的机会，更不能冷漠对待他人，付出越多，收获越多，帮助别人才能得到更多的帮助。

（4）在生活中的每一天里，写信、拜访或打电话给现在需要帮助的某个人。向某人显示你的乐观精神，并把你的乐观精神传给别人。

（5）重视自己的生命和健康。"只要吞下一口毒药，就可获得解脱"是要不得的，你所交往的朋友，你所去的地方，你所听到或看到的事物，全都记录在你的记忆中。由于头脑指挥身体如何行动，因此你不妨从事高级和最乐观的思考。重视你的生命和健康，这是你快乐的基础，连自己的生命和健康都不重视的人是不会快乐的。

（6）改变你的习惯用语。积极心态的自动提示语是不固定的，只要是能激励我们积极思考、积极行动的词语，都可以作为自我提示语。拿破仑·希尔曾列举一些有重要意义的提示语，以供参考：

○人的心神所能构思而确信的，人便能完成它。

○如果相信自己能够做到，你就能够做到。

○我心里怎样思考，就会怎样去做。

○在我生活的每一方面，都一天天变得更好而又更好。

○现在就做，便能使异想天开的梦变成事实。

○不论我以前是什么人，或者现在是什么人，如果我凭积极心态行动，我就能变成我想做的人。

○我觉得健康！我觉得快乐！我觉得好得不得了！

将这些培养乐观精神的方法不断地在心理和行动上去体验和操作，就会使得自己具备乐观向上的品格，为你成就大事打下坚实的基础。

面对生活的考验，即使你是身有缺陷的人，也没有借口让你只能选择用错误的模式生活。

——搜狐网友过客逍遥

逃避不会解决问题

　　自卑情结是一种过量、过度的自卑感，因此，它必然会促使人们去寻求可以轻易获得补偿的并且富有欺骗性的满足。当然，与此同时，这种自卑情结夸大困难，消解勇气，从而堵死了通往成功的道路。

——阿德勒《儿童的人格教育》

生下来就一贫如洗的林肯，终其一生都在面对挫败，八次竞选落败，两次经商失败，甚至还精神崩溃过一次。

好多次，他本可以放弃，但他并没有如此，也正因为他没有放弃，才成为美国历史上最伟大的总统之一。

以下是林肯进驻白宫前的简历：

1816年，家人被赶出了居住的地方，他必须工作以抚养他们。

1818年，母亲去世。

1831年，经商失败。

1832年，竞选州议员——但落选了！

1832年，工作也丢了——想就读法学院，但进不去。

1833年，向朋友借钱经商，但年底就破产了，接下来他花了16年，才把债还清。

1834年，再一次竞选州议员——赢了！

1835年，订婚后即将结婚时，未婚妻却死了，因此他的心也碎了！

1836年，争取成为州议员的发言人——没有成功。

1840年，争取成为国会选举人——失败了！

1843年，参加国会大选——落选了！

1846年，再次参加国会大选——这次当选了！前往华盛顿特区，表现可圈可点。

1848年，寻求国会议员连任——失败了！

1849年，想在自己的州内担任土地局长的工作——被拒绝了！

1854年，竞选美国参议员——落选了！

1856年，在共和党的全国代表大会上争取副总统的提名——得票不到一百张。

1858年，再度竞选美国参议员，再度落败。

1860年，当选美国总统。

当鸵鸟遇到危险的时候，它就会本能地把头埋进土里，以此来逃避危险。现实生活中，也有很多人遇到挫折或挑战，不敢直面现实而是以鸵鸟的方式自欺欺人地躲开，希望因此能够避开应有的责任。这是一种消极的心理，体现了胆怯和自卑。

选择逃避的人多数因为不自信。一个人不自信，他的心理承受能力就比正常人要脆弱得多。当突如其来的困难来临或面临着重大抉择时，他发现自己肩上的担子超过平常，因为不自信不敢以积极的心态去承担，于是选择了逃避。

一个人做错了事担心受到指责，而这种指责往往又是当事人不愿意接受的，于是他往往会找借口推卸责任或者采取欺骗行为，希望他人能够不再追究。

选择逃避的人通常是因为害怕承担责任，经常会含糊其辞或者故意隐瞒关键问题。于是在面对他人的指责时，他们往往会说出这样的言语："我也不想的。""事情本来不是这样的，都是……""是××让我这样做的，我没有选择的余地"等等诸如此类的话语。为了避免这些不快和惩罚的指责，许多人想办法逃避责任，比如转移批评、推卸责任、掩过饰非等等。

在面临生活的挫折或挑战时，选择逃避的人总是喜欢从外部条件出发，让外因成为主导因素，成为自己推卸责任的借口。抱怨没有好的环境或适应不了新的变化，如果任凭这种心理发展下去，就容易由逃避心理产生焦虑、恐惧心理。

许多人围着一位退休的老船长，听他讲述一生航海过程中的种种奇遇，其中最引人入胜的，是老船长与暴风雨搏斗的惊险历程。

谈到大海上不可预测的天气时，有人问老船长："如果你的船行驶在海面上，通过气象报告，预知前方的海面上有一个巨大的暴风圈，正向你的船袭来。请问，凭你的经验，你将会如何处置呢？"

老船长微笑着反问："如果是你，你又会怎么处置呢？"

问者偏着头想了想，回答道："返航。将船头掉转180度，远离暴风圈。这样应该是最安全的方法吧？"

老船长摇了摇头道："不行，当你掉头回航，暴风圈还是会追上你的船：你这么做，反而延长了你的船跟暴风圈接触的时间，这更增加了危险程度。"

第一个人忙道："那么将船头向左或向右转90度，能不能脱离暴风圈的威胁呢？"老船长仍是摇摇头，微笑道："还是不行。如果这样做，船身的整个侧面，就将暴露在暴风雨的肆虐之下，增加与暴风圈接触的面积，结果更加危险。"

众人不解，问道："如果这些方法都不行，那究竟应该怎么做呢？"

老船长说道："只有一个方法，那就是抓稳你的舵轮，让你的船头不偏不倚地迎向暴风圈继续前进。唯有这样做，才能让船与暴风圈接触的面积最小化，可以增加你的船与暴风圈彼此的相对加速度，减少与暴风圈接触的时间。你将会发现，很快地，你已经安然冲过暴风圈，迎接另一片充满阳光的蓝天。"

众人听到这里，都不禁为老船长的智慧所折服。

面对困难，不管是躲还是逃，往往是不但没有让自己脱离危险，反而加大了危险的程度，这时候你唯一的方法就是，直面危险，勇于挑战。

一个会动脑筋思考的人总能把握住问题。他能够解决它，或消除它，或设计出一种办法模式，尝试着去做，直面问题，而不是回避。

16岁的英国小男孩佛瑞迪在暑假将临的时候，他对父亲说："爸爸，我不要整个夏天都向你伸手要钱，我要找个工作。"

父亲从惊讶中恢复过来之后，对佛瑞迪说："好啊，佛瑞迪，我会想办法给你找个工作，但是恐怕不容易。"

"你没有弄清我的意思，我并不是要您给我找个工作。我要自己来找。还有，请不要那么消极。虽然现在人浮于事，我还是可以找个工作。有些人总是可以找到工作的。"

"哪些人？"父亲带着怀疑问。

"那些会动脑筋的人。"儿子回答说。

佛瑞迪在"有事求人"广告栏上仔细寻找，找到了一个很适合他专长的工作，广告上说找工作的人要在第二天早上8点钟到达42街一个地方。佛瑞迪并没有等到8点钟，而在7点45分就到了那儿。他看到已有20个男孩排在那里，准备抢先去求见，他是队伍中的第21名。

怎样才能引起特别注意而竞争成功呢？这是他的问题。他应该怎样处理这个问题？根据佛瑞迪所说，只有一件事可做——动脑筋思考。因此他进入了那最令人痛苦又快乐的程序——思考。在真正思考的时候，总是会想出办法的，佛瑞迪就想出了一个办法。他拿出一张纸，在上面写了一些东西，然后折得整整齐齐，走向秘书小姐，恭敬地对她说："小姐，请你马上把这张纸条转交给你的老板，这非常重要。"

秘书小姐是一名职业老手，那就是善于察言观色。如果他是个普通的男孩，她可能就会说："算了吧，小伙子。你回到队伍的第21个位子上等吧。"但是她感觉到他不是普通的男孩，他散发出一种高级职员的气质。她把纸条收下。

"好啊！"她说，"让我来看看这张纸条。"她看了不禁微笑了起来。她立刻站起来，走进老板的办公室，把纸条放在老板的桌上。老板看了也大声笑了起来，因为纸条上写着：

"先生：我排在队伍中第21位，在你没有看到我之前，请不要作决定。"

他是不是得到了工作？他当然得到了工作，因为他很早就学会了动脑筋。一个会动脑筋思考的人总能掌握住问题，也能够解决它。处于第21的位置，是没有什么优势可言的，但动脑子的结果却使他战胜了占据有利地位的对手。

所以，许多貌似难以解决的问题，其实并不困难。开动脑筋，有胆量冒一次险，敢于尝试，才能智压群雄。

古代波斯（今伊朗）有位国王，想挑选一名官员担当一项重要的职务。

他把那些智勇双全的官员全都召集过来，试试他们之中究竟谁能胜任。

官员们被国王领到一座大门前，面对这座国内最大，来人中谁也没有见过的大门，国王说："爱卿们，你们都是既聪明又有力气的人。现在，你们已经看到，这是我国最大最重的大门，可是一直没有打开过。你们之中谁能打开门，帮我解决这个久久没能解决的难题？"

不少官员远远张望了一下大门，就连连摇头。有几位走近大门看了看，退了回去，没敢去试着开门。另一些官员也都纷纷表示，没有办法开门。

这时，有一名官员却走到大门下，先仔细观察了一番，又用手四处探摸，用各种方法试探开门。几经试探之后，他抓起一根沉重的铁链子，没怎么用力拉，大门竟然开了！

原来，这座看似非常坚牢的大门，并没有真正关上，任何一个人只要仔细察看一下，并有点胆量试一试，比如拉一下看似沉重的铁链，甚至不必用多大力气推一下大门，都可以打得开。如果连摸也不摸，看也不看，自然会被这座貌似坚牢无比的庞然大物弄得束手无策了。

国王对打开了大门的大臣说："朝廷那重要的职务，就请你担任吧！因为你不光是限于你所见到的和听到的，在别人感到无能为力时，你却会想到仔细观察，并有勇气冒险试一试。"他又对众官员说："其实，对于任何貌似难以解决的问题，都需要开动脑筋去仔细观察，并有胆量冒一下险，大胆地试一试。"

那些没有勇气试一试的官员们，一个个都低下了头，感到羞愧不已。如果没有胆量，再怎么动脑筋也没用，因为成功需要有果敢的行动。

有的人在面对失意时会选择自杀。

自杀的动机绝不是临时起意，而是因为人感到痛苦，所以不断告诉自己，死了总比活着好，潜在意识就产生了"活着干什么"的意念，最后终于带领人走上死亡。所以人应该时时刻刻朝正面思考，而不要让负面的痛苦沉淀，例如我们信仰宗教求神拜佛，无非是祈求痛苦能获得解决。这个过程就是不断在告诉潜在意识：我们要远离痛苦。重复的告知，潜在意识就会带领我们远离痛苦。

自杀者往往由于如下原因自杀：

（1）没有安全感，陷入极度的恐惧。这种恐惧比对死的恐惧还要强烈。

（2）失去社会归属感。感觉到被社会组织或国家团体抛弃，被恋人抛弃，有时社会角色扮演失败也会产生被抛弃的感觉，有时可能感到被整个社会所抛弃。失去社会归属感往往使人失去在社会中的坐标和参照系，引发绝望。

（3）痛苦的煎熬。痛苦的折磨可能来自生理的和心理的，有时也可能来自两个方面。为了缓解甚至终止痛苦，就可能选择自杀。

（4）生活单调，无挑战性。许多人感到了无生趣都是因陷入到单调、重复的日常生活中而无法发现生活。他们的的确确生活单调，多方面条件的限制，尤其是自己的心灵，让他们不敢面对竞争的挑战，年复一年逐渐消磨了对生活的新鲜感。

（5）精神疾病，例如精神分裂症、抑郁症、人格障碍等心理疾病都可能导致自杀。

当我们感到生气、焦虑、恐惧时，交感神经处于极度紧绷的状态，使心跳及血压跟着起伏，整个身体就会不听使唤，处于极度兴奋的状态，就连肌肉都会紧绷起来。如果长时间下来我们的心理都是处于低潮或紧绷的情绪中，身体就会产生极大的警讯，最后也会因为我们不能承受这样的压力，而使我们崩溃，理智（显在意识）完全被潜在意识掌控。

有自杀企图的人通常有强烈的孤独、无助、无望的感觉。此时，他们认为他们再也不能解决自己的问题，自杀是他解决问题的唯一出路。许多人在其一生中有时会想到后来，许多人发现这种想法是暂时的，事情会有所转机的。对暂时的困惑来说，用自杀来解决问题是一种再也无法挽回的选择。

有人为了逃避痛苦，而选择逃避问题，从而选择自杀。其实人的成长就是因为人生中经历过无数的挫折与失败，如果我们能体会痛苦的价值，愿意面对现实，有勇气承担痛苦，这样我们就会活得更坚强、更有价值。

爱默生说："伟大高尚人物最明显的特征，就是他坚定的意志，不管环境变化到何种地步，他的初衷与希望，仍然不会有丝毫的改变，而最终克服障碍，以达到企望的目的。"人活一辈子不可能总是一帆风顺，人们总会有跌倒的时候。但是不管怎样，无论你因为什么跌倒了，跌得如何，一定要记住：爬起来！跌倒了再站起来，在哪里跌倒在哪里爬起来。使人感动的就是这样的一种精神。跌倒不算失败，跌倒了站不起来，才是失败。

当我们不管遇到怎样的失败，没有勇气奋斗，自我放弃的人，其目标就会离他越来越远，而那些毫不畏惧、勇往直前的人，才会达到自己的目标。

当我们不管遇到怎样的失败，千万不要逃避。因为逃避只会让困难更加困难，而使人认为不可能克服。但是，如果能把心朝着明朗的方向转变的话，有时就会知道，原来挡住前途的墙壁，并不坚固，于是会产生突破这道墙壁的勇气来。人世间，真正伟大的人，对于世间所谓的种种失败，并不介意。这种人无论面对多么大的失望，绝不失去镇静和重新站起来的勇气，这样的人一定能获得最后的胜利。在狂风暴雨的袭击中，那些心灵脆弱的人唯有束手待毙，而那些意志坚强的人在跌倒之后仍然忍痛爬起来。如果你忍着痛爬起来，迟早会得到别人的帮助，如果你丧失"爬起来"的意志与勇气，也不会有人来帮你。意志可以改变一切，跌倒之后忍痛爬起来，这是对自己意志的磨炼，有了如钢的意志，便不怕下一次可能还会跌倒了。

不管你遇到怎样的失败，跌得是轻还是重，只要你不愿爬起来，那你就会丧失机会，被人看不起，这是个现实，没什么道理好论。所以你一定要爬起来，就算爬起来又倒下，至少你也是个勇者，不会被人家当成弱者。

逃避责任往往是因为不自信引起的，一个人不自信时，他的心理承受能力就非常脆弱，当他面对现实的困难、危险、压力、挫折、失败等情况时，他就不敢勇敢地去面对，从而选择逃避。对自己不自信的人要培养自己的自信心，其方法有多种，例如心理暗示法，即每天早晨起来后用语言提醒自己保持自信或对着镜子作自信的表情。此外，体育锻炼能磨炼一个人的意志和自信心，一个经常参加体育锻练、身强体壮之人要比身体瘦弱的人更加自信。

当你自卑时，真正解决问题的办法不是转变方向，希望从别的地方找到补偿，而是应该勇敢面对。自然地放下包袱勇敢地面对，才能发现所面对的问题其实并没有想象中那么难以逾越。

——网易网友君王一诺

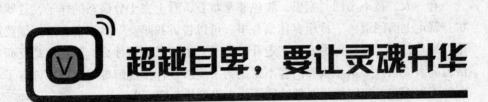

提升自我，超越平凡

自卑感本身并不是问题，相反它是人类进步的原因。

——阿德勒《阿德勒的智慧》

甘罗是战国时楚国下蔡人，从小聪明过人，是著名的少年政治家。他祖父甘茂，是秦国一位著名的人物，曾担任秦国的左丞相。"将门出虎子"，在他祖父的教导下，甘罗从小就聪明机智，能言善辩，深受家人的喜爱。甘罗小小年纪，就投奔到秦国丞相吕不韦的门下，做他的门客。

有一天，吕不韦回到家里，脸色非常难看，看上去十分恼怒的样子，甘罗见状，就走上前问道："丞相有什么心事，可以告诉我吗？"吕不韦心里正烦躁得很，见是甘罗，就挥挥手说："走开，走开，小孩子知道什么？"甘罗却反而自信地高声说道："丞相收养门客不就是为了能够替你排忧解难吗？现在你有了心事却不告诉我，我即便想要帮忙的话，也没有机会啊！"

吕不韦见他虽小小年纪，但出口不凡，就改变了态度，说："皇上派刚成君蔡泽到燕国为相，已经三年了，燕王对他很满意。派太子丹到秦国做人质，表示友好。我派张唐到燕国为相，占卦的结果也很吉利，可是他却借故推辞不去。"

事情原来是这样的，张唐是秦国一位大臣，曾率军攻打赵国并占领了大片的土地，赵王对他恨之入骨，声称如果有人杀死张唐，就赏赐给他百里之地。这次出使燕国必须经过赵国，所以张唐推辞不去。甘罗听了，微微笑道："原来是这样一件小事，丞相何不让我去劝劝他？"吕不韦责备他："小孩子不要口出狂言，我自己请他他还不去，何况你小小年纪。"甘罗听了不服气地说："我听说项橐七岁的时候就被孔子尊为老师，我现在比他还大了五岁，您为何不让我试试呢？如果不成功的话，丞相再责备我也不迟！"

吕不韦见他语气坚定、自信十足，心里不由暗自赞赏，于是就改变了态度，放缓了口气说："好，那你就去试试吧！假若事成，必有重赏。"甘罗见他答应了，也就没多说什么，高高兴兴地走了。

甘罗到了张唐家里，张唐听说是吕不韦的门客来访，连忙出来相见，发现来人不过是个十多岁的小孩子，不由得心生轻视，张口就问道："你来干什么？"甘罗见他态度傲慢，就激他道："我给你吊丧来了。"张唐听了大怒："小孩子怎么能这样说话，我家又没死人，你来吊什么丧？"甘罗笑道："我可不敢胡说，你且听我讲明原因。你和武安君白起相比，谁的功劳更大？"张唐连忙答道："武安君英勇善战，南攻强楚，北挫燕赵，攻城略地不计其数，战绩如此显赫，我怎么敢和他相比啊！""应侯范雎和文信侯相比，谁更专权独断呢？"应侯是秦国以前的一位丞相，文信侯即吕不韦。张唐考虑一下说："应侯当然不如文信侯专权独断啦！""你真的知道应侯不如文信侯专权吗？"张唐立即答道："那当然了。"甘罗听了笑道："既然如此，那你为何还推辞不去燕国呢？我听说，应侯想攻打赵国的时候，武安君反对他，离开咸阳七里就被应侯派人赐死。像武安君这样的人尚且不能被应侯所容忍，你想文信侯会容忍你吗？"张唐听了这话，吓得直冒冷汗，连忙称谢答应，请他回去禀报丞相。

后来，甘罗又出使赵国，兵不血刃就让赵国献上五座城池。回国后，秦王大加赞赏，封他为上卿（战国时诸侯国最高的官职，相当于丞相）。

在战国这个时代的大舞台上，各种各样的人才层出不穷，甘罗年方十二，就已经敢于凭自己的智慧周旋于王侯之间，并且不费一兵一卒使秦国得到数座城池，官封上卿，实在是令人称奇，其自信的态度也值得自卑之人学习。社会流行论资排辈，但年龄绝不会成为决定你是否成功的根本原因，只要你有自信胜任工作，并能发挥真才实学取得成绩，你也可以像甘罗一样年少成名。

李阳是中国的大名人，还上了2002年的春节联欢晚会，真是风光得很。也许有很多人还不知道，李阳原先也"不过如此"，年轻时那一段段学习英语的往事也曾令他"不堪回首"。

少年时代的李阳是一个很内向的人，"怕生、自卑"。他已经十几岁了，亲戚朋友都不曾关注过他，而且他也害怕与大人们谈学习、聊天。用"丑小鸭"来形容他是最恰当的。比如：只要听到电话一响，他就会躲起来；每次看完电影之后，父亲总是要他复述电影的内容，为了不做这种他不情愿的事情，他宁愿不看自己喜欢的电影。

有这样一个典型的故事：有一次他患了鼻炎，父母送他到医院去治疗。在进行电疗的时候，医生不小心漏电烧伤了他的脸，由于害羞，他忍住痛苦，一直没有告诉别人，至今脸上还有一块小伤疤。

他说，小的时候最害怕的事情就是自己完成不了作业，因此，他经常被老师罚站，每次都让自己很难堪，在同学面前抬不起头来，似乎被人指指点点一样。

李阳多次向父母提出退学，可是父母不同意，他也只能继续坚持下去。值得庆幸的是，他勉强熬到了高中毕业，居然还考上了兰州大学力学系——看来他并不蠢。可就是在大学里，李阳还是浑浑噩噩，没有改变自己的形象。按照学校的规定，旷课70节就要被勒令退学，他很快就超过了100节，他因此差点被兰州大学请出校门。

　　那么，李阳的英语是不是特别好呢？

　　不是！谁能相信今天的英语教师，当年曾经是连"万岁的60分"都达不到、常常要补考才能过关的人……

　　大学二年级的时候，他必须参加全国英语四级考试，否则学位证书就危险了。这次他被逼上了梁山，不得不打起精神，每天早上都要学习英语。他本来是一个懒散惯了的人，如今要集中精力，那可不是一件容易的事情。为了集中精力，他干脆跑到兰州大学校园里的烈士亭，放开喉咙大声背诵起英文来。这一声大喊不要紧，喊出了李阳的灵感：这样不仅不容易思想开小差，效果还非常不错！

　　他就这样"吼"了几个星期，居然还"吼"出了信心！胆子出来了，他就去了学校的英语角，说出来的英语还居然像模像样的。知道他底细的同学都感到惊奇，急忙向他"请教"高招。李阳此时已经隐隐约约地感到了这可能是一种奇妙的办法，虽然说不出什么，但是他决心继续这样学下去。

　　从此以后，只要有时间，李阳就像疯子那样在烈士亭等地方大喊大叫，不管是怎样的天气，他都是风雨无阻。有时候，为了增加自己的胆量，他居然穿着特大的46号美国劳工鞋和肥大的裤子，戴着耳环，在兰州大学声嘶力竭地喊叫。

　　不管别人怎么看他，他就是我行我素。他就这样复述了10多本英文原著，在四级考试中居然考出了个第二的好成绩。最令他恐惧的英语，却给他带来了成功的喜悦，他的疯狂放肆就这样走出了兰州大学，走出甘肃，走向全国……

　　李阳有句格言："I enjoy losing face！"（我喜欢丢脸！）李阳的成功就是一个带着"疯劲"放下面子的经历。

　　李阳本来天生内向、自卑，是一种封闭的性格。为了挑战自我，他以英语为媒介，走出了成功的一步。他把自己学习英语的心得体会写成了四十多页的演讲稿，准备拿到演讲场里去。美国社会学家曾经进行的一项调查发现，世界上人们最怕的就是当众讲话。李阳很想突破自我，所以他决心去演讲，面对全校的人，他请同学帮自己把海报贴出去，说有一个叫李阳的人要搞一个英语讲座……

　　那天晚上，李阳简直"紧张得要吐"（李阳语），可是他还是上台了。他虽然气喘吁吁的，但是终于坚持下来。演讲获得了意想不到的成功！李阳就这样讲出去了，一讲就是几十场，他因此成了校园名人……

虽然当初怕丢脸的李阳曾经彻底地丢掉了面子，但他用现在的成绩换回了尊严：疯狂英语，风靡中国。

年轻的时候不妨有点疯劲，克服自己的自卑、缺陷，尝试超越平凡的自己，试着去完成"不可能的任务"。失败面前，再坚持一下，即使不能如愿，也无怨无悔曾经的峥嵘岁月，总好过白了少年头之后，回忆自己平凡的一生，没有灿烂的闪光点而空悲切。

一位音乐系的学生走进练习室。在钢琴上，摆着一份全新的乐谱。

"超高难度……"他翻着乐谱，喃喃自语，感觉自己对弹奏钢琴的信心似乎跌到谷底，消弭殆尽。已经三个月了！自从跟了这位新的指导教授之后，不知道为什么教授要以这种方式整人。勉强打起精神，他开始用自己的十指奋战、奋战、奋战……琴音盖住了教室外面教授走来的脚步声。

指导教授是个极其有名的音乐大师。授课的第一天，他给自己的新学生一份乐谱。"试试看吧！"他说。乐谱的难度颇高，学生弹得生涩僵滞、错误百出。"还不成熟，回去好好练习！"教授在下课时，如此叮嘱学生。

学生练习了一个星期，第二周上课时正准备让教授验收，没想到教授又给他一份难度更高的乐谱，"试试看吧！"上星期的课教授也没提。学生再次挣扎于更高难度的技巧挑战。

第三周。更难的乐谱又出现了。同样的情形持续着，学生每次在课堂上都被一份新的乐谱所困扰，然后把它带回去练习，接着再回到课堂上，重新面临更高难度的乐谱，却怎么样都追不上进度，一点也没有因为上周练习而有驾轻就熟的感觉，学生感到越来越不安、沮丧和气馁。

教授走进练习室。学生再也忍不住了，他必须向钢琴大师提出这三个月来何以不断折磨自己的质疑。

教授没开口，他抽出最早的那份乐谱，交给了学生。"弹奏吧！"他以坚定的目光望着学生。

不可思议的事情发生了，连学生自己都惊讶万分，他居然可以将这首曲子弹奏得如此美妙、如此精湛！教授又让学生弹了第二堂课的乐谱，学生依然呈现出超高水准的表现……演奏结束后，学生怔怔地望着老师，说不出话来。

"如果，我任由你表现最擅长的部分，可能你还在练习最早的那份乐谱，就不会有现在这样的程度……"钢琴大师缓缓地说。

很多人在困难和生活的重压下丢失了自信，放弃了自己的理想，忍受不了通往梦想的荆棘之路，选择了平淡的日子，结果越来越自卑、自弃，浪费了发展自己天赋的机会。为什么我们不能学学那个音乐系的学生，或让他人强迫，或自我强迫着再试一次，再坚持一阵，继续练习下去，最终弹奏出令自己也吃惊异常的乐曲。

1986年，一位中国留学生要去应聘一位著名教授的助教。这是一个难得的机会，收入丰厚，又不影响学习，还能接触到最新科技资讯。但当他赶到报名处时，那里已挤满了人。

经过筛选，取得考试资格的各国学生有30多人，成功希望实在渺茫。考试前几天，几位中国留学生使尽浑身解数，打探主考官的情况。几经周折，他们终于弄清内幕——主考官曾在朝鲜战场上当过中国人的俘虏！

中国留学生这下大都死心了，纷纷宣告退出："把时间花在不可能的事上，再愚蠢不过了！"

这位留学生的一个好朋友劝他："算了吧！把精力匀出来，多刷几个盘子，挣点儿学费！"但他没听，而是如期参加了考试。最后，他坐在主考官面前。

主考官考查许久，最后给他一个肯定的答复："OK！就是你了！"接着又微笑着说，"你知道我为什么录取你吗？"

年轻留学生诚实地摇摇头。

"其实你在所有应试者中并不是最好的，但你不像你的那些同学，他们看起来很聪明，其实再愚蠢不过。你们是为我工作，只要能给我当好助手就行了，还扯几十年前的事干什么？我很欣赏你的勇气，这就是我录取你的原因！"

后来，年轻留学生听说，教授当年是做过中国军队的俘虏，但中国兵对他很好，根本没有为难他，他至今还念念不忘。

这个留学生就是后来的吴鹰——UT斯达康公司的中国区总裁，《亚洲之星》评出的最有影响力的50位亚洲人之一。

5年前，斯蒂芬·阿尔法经营的是小本农具买卖。他过着平凡而又体面的生活，但并不理想。他一家的房子太小，也没有钱买他们想要的东西。阿尔法的妻子并没有抱怨，很显然，她只是安于天命而并不幸福。

阿尔法的内心深处变得越来越不满。当他意识到爱妻和他的两个孩子并没有过上好日子的时候，心里就感到深深的刺痛。

但是后来，一切都有了极大的变化。现在，阿尔法有了一所占地2英亩的漂亮新家。他和妻子再也不用担心能否送他们的孩子上一所好的大学了，他的妻子在花钱买衣服的时候也不再有那种犯罪的感觉了。每年夏天，他们全家都去欧洲度假。阿尔法过上了真正的生活。阿尔法说："这一切的发生，是因为我利用了信念的力量。5年前，我听说在底特律有一个经营农具的工作。那时，我们还住在克利夫兰。我决定试试，希望能多挣一点钱。我到达底特律的时间是星期天的早晨，但公司与我面谈还得等到星期一。晚饭后，我坐在旅馆里静思默想，突然觉得自己是多么的可憎。'这到底是为什么！'我问自己，'失败为什么总属于我呢？"

阿尔法不知道那天是什么促使他做了这样一件事：他取了一张旅馆的信笺，写下几个他非常熟悉的、在近几年内远远超过他的人的名字。他们取得了更多的权力和工作职责。其中两个原是邻近的农场主，现已搬到更好的边远地区去了，其他两位阿尔法曾经为他们工作过，最后一位则是他的妹夫。

阿尔法问自己：什么是这5位朋友拥有的优势呢？阿尔法把自己的智力与他们作了一个比较，觉得他们并不比自己更聪明；而他们所受的教育，他们的正直，个人习性等，也并不拥有任何优势。终于，阿尔法想到了另一个成功的因素，即主动性。阿尔法不得不承认，他的朋友们在这点上胜他一筹。

当时已快深夜3点钟了，但阿尔法的脑子却还十分清醒。他第一次发现了自己的弱点。他深深地挖掘自己，发现缺少主动性是因为在内心深处，他并不看重自己。

阿尔法坐着度过了残夜，回忆着过去的一切。从记事起，阿尔法便缺乏自信心，他发现过去的自己总是在自寻烦恼，自己总对自己说不行，不行，不行！他总在表现自己的短处，几乎他所做的一切都表现出了这种自我贬值。

终于阿尔法明白了：如果自己都不信任自己的话，那么将没有人信任你！

于是，阿尔法做出了决定："我一直都是把自己当成一个二等公民，从今后，我再也不这样想了。"第二天上午，阿尔法仍保持着那种自信心。他暗暗以这次与公司的面谈作为对自己自信心的第一次考验。在这次面谈以前，阿尔法希望自己有勇气提出比原来工资高750甚至1000美元的要求。但经过这次自我反省后，阿尔法认识到了他的自我价值，因而把这个目标提到了3500美元。结果，阿尔法达到了目的。他获得了成功。

在平凡面前，我们不愿意相信自己的潜力，不愿意为了未知的将来而破坏安宁的局面，而选择继续做一个走固定模式的人。我们每个人身上都有无穷的宝藏，用心去发现，树立自信心，下定决心，告诉自己我可以，从现在做起，成功也就离你不远了。

美国著名女演员索尼亚·斯米茨的童年是在加拿大渥太华郊外的一个奶牛场里度过的。当时她在农场附近的一所小学里读书。有一天她回家后很委屈地哭了，父亲就问原因。她断断续续地说："班里一个女生说我长得很丑，还说我跑步的姿势难看。"

父亲听后，只是微笑，然后开口说道："我能摸得着咱家的天花板。"

正在哭泣的索尼亚听后觉得很惊奇，不知父亲想说什么，就反问："你说什么？"

父亲又重复了一遍："我能摸得着咱家的天花板。"

索尼亚忘记了哭泣，仰头看看天花板：将近4米高的天花板，父亲能摸得到？她怎么也不相信。父亲笑笑，得意地说："不信吧？那你也别信那女孩的话，因为有些人说的并不是事实！"就这样，索尼亚明白了，不能太在意别人说什么，要自己拿主意！

她二十四五岁的时候，已是个颇有名气的演员了。有一次，她要去参加一个集会，但经纪人告诉她，因为天气不好，只有很少人参加这次集会，会场的气氛有些冷淡。经纪人的意思是，索尼亚刚出名，应该把时间花在一些大型活动上，以增加名气。但索尼亚坚持要参加这个集会，因为她在报刊上承诺过要去参加："我一定要兑现诺言。"结果，那次雨中集会，因为有了索尼亚的参加，广场上的人越来越多，她的名气和人气因此骤升。后来，她又自己做主，离开加拿大去美国演戏，从而闻名全球。

当年高查尔思大佐想兴修巴拿马运河，一时间人们对这个计划议论纷纷，毁誉不一，有人夸奖他勇敢坚毅，有人骂他异想天开。但是他对于这些毁誉一概置之不理，只管埋头苦干。有人问他对于那些批评有何感想，他回答得十分恰当，他说："目前还是做我的工作要紧，至于那些批评，日后运河自会答复！"运河果然如期筑成了，一时又是人声鼎沸，但现在却是众口一词地争相夸奖他了。他自己如何呢？他会站在第一艘试新船上，在群众的欢呼声中，通过自己亲手完成的水闸吗？他没有那样做。

一位前来参观揭幕典礼的英国外交官，事后写信给朋友说："大佐并没有乘坐第一艘试新船，他只在克里司特北面看着船开过，后来，我们又在加东湖和米得尔看见他穿着衬衫站在水闸上，观察开关水闸的机器。船过来时，约翰·贝勒特原想对他高呼万岁，但不等他喊到第二声，大佐已经走开了。"

高查尔思大佐这种不为毁誉所扰，不被潮流所动的精神和行为，既是一种高明的做人方法的体现，也是一种在精神境界里独领风骚的智者的本色。跟随潮流你永远只是一枚无足轻重的卒子，只有勇于开创先河，才有可能成为潮流的领头羊。

爱默生曾经说过，当我们真正感到困惑、受伤、甚至痛苦时，我们会从柔弱中产生力量，唤起不可预知的无比威力的愤慨之情。人立命于世，首先要自尊自重，遭到歧视，绝不低头，在强大的势力面前不卑不亢，这样就会赢得别人的敬重。

卡耐基曾询问索凡石油公司的人事室主任肯鲍·迈克，来求职的人常犯的最大错误是什么。他应该知道，因为他曾经和6万多个求职的人交谈过，还写过一本名为《谋职的六种方法》的书。他回答卡耐基："来求职的人所犯的最大错误就是不保持本色。他们不以真面目示人，不能完全的坦诚，却给你一些他以为你想要的回答。可是这个做法一点用都没有，因为没有人要伪君子，也从来没有人愿意收假钞票。"我们每个人的个性、形象、人格都有各不相同的特色，我们完全没有三心二意的必要。在个人成功经验之中，保持自我的本色及用自我创造性去赢得一个新天地，是更有意义的东西。在美国好莱坞尤其流行这种希望能做跟别人不一样的人的想法。

山姆·伍德是好莱坞最知名的导演之一。他说他在启发一些年轻的演员时所碰到的最头痛的问题就是这个：要让他们保持本色。他们都想做二流的拉娜·透纳，或者是三流的克拉克·盖博。"这一套观众已经受够了，"山姆·伍德说，"最安全的做法是：要尽快丢开那些装腔作势的人。"你在这个世界上是唯一的，你应该为这一点而庆幸，应该尽量利用大自然所赋予你的一切。归根结底说起来，所有的艺术都带着一些自传体的形式；你只能唱你自己的歌，你只能画你自己的画，你只能做一个由你的经验、你的环境和你的家庭所造就的你。不论是好是坏，你都得自己创造一个自己的花园；不论是好是坏，你都得在生命的交响乐中，演奏自己的乐器；不论是好是坏，你都得在生命的沙漠上数清自己已走过的脚印。卓别林开始拍电影的时候，那些电影导演都坚持要卓别林去学当时非常有名的一个德国喜剧演员，可是卓别林直到创造出一套自己的表演方法之后，才开始成名。鲍勃·霍伯也有相同的经验。他多年来一直在演歌舞片，结果毫无成绩，一直到他发展出自己讲笑话的本事之后，才成名起来。威尔·罗吉斯在一个杂耍团里，不说话光表演抛绳技术，继续了好多年，最后才发现他在讲幽默笑话上有特殊的天分。

金·奥特雷刚出道之时，想要改掉他德州的乡音味，像个城里的绅士，便自称为纽约人，结果大家都在背后耻笑他。后来，他开始弹奏五弦琴，唱他的西部歌曲，开始了他那了不起的演艺生涯，成为全世界在电影和广播两方面最有名的西部歌星。

在每一个人的教育过程中，他一定会在某个时候发现，羡慕是无知的，模仿也就意味着自杀。不论好坏，你都必须保持本色。别人的，哪怕是已经形成潮流的东西，对你来说也是没有用处的。跟随它们只会使自我消失。当然，顺应潮流也许在短期内会有所益处，但从长远看，还是换一种思路做人，不随大流走更有前途。

每个人都是独一无二的，正是这一点，使得世界多姿多彩，而为了他人的一声"你好漂亮"的称赞就去减肥、整形，将自己改变成另一个样子，这是多么不值得啊！太在意别人的看法，就失去了自己的个性，那你只是别人的影子，失去了自己的灵魂；保持自己的本色，还原快乐的自我，而不是压抑自己的个性，才会有更完美的人生。

一位著名的数学家到一所著名的大学，给数学系学生上课。数学家一站上讲台，什么话也没说。他先在黑板上写了"2+2=？"这样一个简单的算式，并问这群满怀虔诚心情来听课的学生："谁能告诉我答案？"

这些演算过无数复杂算式的研究生们面面相觑，不知数学家有什么高明之举，大家你看我，我看你，不敢轻易回答。他们想，这一定是一个表面简单，实际深奥无比的算式。这时候从角落里站出一个戴眼镜的学生，同学马上认出了，他就是全班最笨的阿呆。阿呆怯生生地回答："2+2=4呀！"

"哈哈！"阿呆的回答引来满堂哄笑，因为这个答案是幼儿园小朋友也能回答的。可数学家对阿呆的回答非常满意，他严肃地给学生们上了第一课："幼儿园小朋友也能回答的问题，你们这些大学生却不敢回答，你们是被你们自己吓倒的呀！"

人们往往自以为是地把问题或事情想象得过于深奥和复杂，因而畏手畏脚，迫于权威，不敢确定结论，错过了许多机会。勇敢地面对问题，也许新的发现就会来到你的身边。

在一次世界优秀指挥家大赛的决赛中，世界著名的交响乐指挥家小泽征尔也是参赛者。当他按照评委会给的乐谱指挥演奏时，发现了不和谐的音符。开始他以为是乐队演奏出了错误，就停下来重新指挥，但一到这里还是不对。他觉得是乐谱有问题。这时，在场的名作曲家和评委会的权威人士都坚决地说乐谱绝对没有问题，是小泽征尔错了。

面对众多音乐大师和权威人士，小泽征尔经过再三思考，最后斩钉截铁地大声说："不！一定是乐谱错了！"话音刚落，音乐大师和评委席上的评委们都报以热烈的掌声，祝贺他大赛夺魁。

原来，这是评委们精心设计的"圈套"，目的是以此来考验指挥家在遭到权威人士"否定"的情况下，能否坚持自己的正确主张。前面参加比赛的选手们也发现了错误，但最终因随声附和权威们的意见而被淘汰。小泽征尔却因为勇敢地说出了"不"而摘取了世界指挥家大赛的桂冠。

1910年，28岁的他观看一场飞行表演，对飞机产生了强烈的兴趣。通过仔细观察研究，他确信可以将飞机改造成经济适用的交通工具。当时，飞机只处于启蒙时期，只是少数人驾乘用以娱乐，是一种昂贵消费。

科学界对他的"发展航空事业"嗤之以鼻，因为他只是一个从耶鲁大学中途辍学的木材商人。

他坚信自己的想法，开始造飞机。10年后，他觉得替美国邮政部门运送邮件将是一门赚钱的生意，就决定参加"芝加哥—旧金山邮件路线"的投标。他把运输价格压得不能再低，许多专家认为他的公司必垮无疑，邮政当局也怀疑他能否撑得下去，要求他交纳保证金。然而，人们忽略了一个简单的"漏洞"——飞机越轻，所载的货就越多。这是获得效益的根本途径。他着力减轻飞机的重量，不出所料，邮件运送业务开始获利，很快，他从运送邮件发展到载运乘客。

第一次世界大战后，航空业空前萎靡。他的公司停产了。他转为制作家具以维持生计，同时供养着飞机公司的几个主要工程师，继续进行研发工作。很多人认为他太狂热，不切实际，而他深信航空业终究会柳暗花明。他说："我可以预见未来……"他就是这样我行我素。今天，这个自以为是的人创立的飞机制造公司已成为全世界闻名的企业，他便是闻名全球的波音公司的创始人——威廉·波音。

一个人要想改变自己的命运，最重要的是自信，要始终相信自己。自信是对自我能力和自我价值的一种肯定。在影响自己的诸要素中，自信是首要因素。有自信，才会有成功。

自卑是一种消极的自我评价或自我意识，即个体认为自己在某些方面不如他人而产生的消极情感，是一种危机心态。自卑是束缚创造力的一条绳索，要想成就一番事业，首先要做的一项工作就是拒绝与自卑纠缠。据有关专家统计，世上有92%的人是因为对自己信心不足，而不能走出生存的困境。这种人就像一棵脆弱的小草一样，毫无信心去经历风雨。这就是说，缺乏自信，而在自卑的陷阱中爬来走去，是这些人最大的生存危机，自然就会导致挫败。如果不能从自卑中挣脱出来，那么就成不了一个能克服危机的人。

有一次，松下电器公司招聘一批基层管理人员，采取笔试与面试相结合的方法。计划招聘15人，报考的却有几百人。经过一周的考试和面试之后，通过电子计算机计分，选出了15位佼佼者。当松下幸之助将录取者一个个过目时，发现有一位成绩特别出色、面试时给他留下深刻印象的年轻人未在15人之列。这位青年叫神田三郎。于是，松下幸之助当即叫人复查考试情况。结果发现，神田三郎的综合成绩名列第一，只因电子计算机出了故障，把分数和名次排错了，导致神田三郎落选。松下立即吩咐手下纠正错误，给神田三郎发放了录用通知书。第二天，松下先生却得到一个惊人的消息：神田三郎因没有被录取而一下自卑起来，觉得自己一无是处，于是跳楼自杀了。录用通知书送到时，他已经死了。

松下知道之后沉默了好长时间，一位助手在旁边自言自语："多可惜，这么一位有才干的青年，我们没有录取他。"

"不，"松下摇摇头说，"幸亏我们公司没有录用他。如此自卑的人是干不成大事的。"

人生并非一帆风顺，因为求职未被录取而拿死亡来解脱自卑的情绪，简直太可惜了。

"成功者"与"普通者"的区别在于：成功者总是充满自信，洋溢活力，而普通人即使腰缠万贯，富甲一方，内心却往往灰暗而脆弱。

成就事业就要有自信，有了自信才能产生勇气、力量和毅力。具备了这些，困难才有可能被战胜，目标才可能达到。但是自信绝非自负，更非痴妄，自信建筑在崇高和自强不息的基础之上才有意义。心中有自信，成功有动力。莎士比亚说过："自信是成功的第一步。"

当你满怀激情踏上人生之路时，请带上自信出发，那么在不断超越自我的过程中一切都将会改变。

> 正因为我们不断地不满，而后不断地前进，才能一次又一次地超越我们自己的极限。
>
> ——新浪网友时光孤岛

为未来努力奋斗

人们都希望成为举世所瞩目的中心，希望不断受到公众注意，希望通过无线电与整个世界接触并聆听到一切谈话，希望自己能预知未来，具有超自然的能力。

——阿德勒《生命对于你意味着什么》

奥斯特洛夫斯基在其所著的《钢铁是怎样炼成的》一书中写道："人最宝贵的是生命，生命对人来说只有一次，我们的生命应当这样度过：当他回首往事时，他不会因为虚度年华而悔恨，也不因碌碌无为而羞愧……"当我们追忆自己的生活时，我们能否心安理得地对自己说"不会因为虚度年华而悔恨，也不因碌碌无为而羞愧"呢？

比利时某杂志曾在全国范围内，对60岁以上的老人开展了一次题为"你最后悔什么"的专题调查活动。调查结果很有意思：

72%的老人后悔年轻时努力不够，以致事业无成。

在我们的身边，这样的话也不绝于耳。

常听有些四十多岁乃至五六十岁的人，慨叹着说："嗳，我的一生一无所获，事业一无所成。"人生最大的遗憾与折磨，莫过于到了一定的年纪对自己说："我的事业一无所成。"由于疏懒怠惰造成的巨大缺憾，连自己也没法向自己交代，面对心底的真实，坦白承认生命白白地流逝，而明明有十分的力气，却只用了一分，实乃人生最大的悲哀。

日本"经营之神"松下幸之助退休时说过一句话："自认已经努力地做过，也自觉问心无愧。"这实在是很重要的一句话。人们忙碌地喋喋不休，直到发觉年华流逝，要想再重头来过，已经不可能，一切都太迟了。得过且过，偷懒度日的人生，没有一点内容，并且也没有什么值得夸赞的事物，没有一点值得留下的回忆，这样的人生，又有什么意义呢？

时间是生命的漏斗，即便是恍恍惚惚地度日子，时间的漏斗也会滴滴答答地直落下去。既然都是要掉落下来，为何不让它产生滴水穿石的效果？为何要看着它白白地流逝呢？

朱自清在他的名篇《匆匆》中写道："洗手的时候，日子从水盆里过去。吃饭的时候，日子从饭碗里过去；默默时，便从凝然的双眼前过去。我觉察他去的匆匆了，伸出手遮挽时，他又从遮挽着的手边过去……"是的，时间在匆匆地流失，抓起来就像金子，抓不住就像流水。

丁肇中和里奇特都是著名的物理学家，他俩虽然不在一起工作，却在同一天发现J／Ψ粒子，如果他两个人中某一个人稍为放松一下手中的时间，就会落在对方的后面，就会与科学发现的优先权失之交臂了，正因为他俩谁也没有放松时间，所以，1976年，丁肇中和里奇特因这一功绩，共同获得了诺贝尔物理学奖金。

现代著名国画大师齐白石，在他作画的60多年中，据说只有两次间断，10天没有动笔。一次是他63岁时生了一场大病，几次不省人事，另一次是64岁时母亲病故，因过度悲伤，没有作画。85岁那年，有一天他连画4张条幅，已经很累了，可仍要坚持再画一张。画毕，他在条幅上题写了这样的话："昨日大风雨，心绪不宁不曾作画，今朝制此一张补充之，不教一日空闲过也。"齐白石在艺术的道路上，十分爱惜时间，不停地辛勤探索，终于取得了令人瞩目的绘画成就。

时间的价值非比寻常，它与人生的发展和成功关系非常密切。一个人在时间面前如果是个弱者，他将永远是一个弱者，因为放弃时间的人，时间也放弃了他。如果一个人在时间面前是个强者，那么他将是一个善于运用"时间"于手掌之中的成功者。成功者现在的这一分钟，是经过了过去无数分钟的努力后才换来的。

从时间的奴役中解脱出来吧，被时间束缚住的生活，是一种非常可怜的生活。早上被闹钟吵起，然后赶时间搭车，以分秒为单位追逐着时间，就这样地冲进公司。到了中午，又急匆匆地奔向餐厅。到了下班时间，等待那好像慢了几分钟的打卡机，再随着下班的人潮而去。每天就是这样地度过，用这样的态度来对待工作实在是一种痛苦。

如果只是按照时间来行动，完全被动地生活，这样你只不过是时间的奴隶罢了。因为你是以时间为基准来行动，人就好像机械一样，有没有内容都不重要了。如果想要专业化地做好工作，一定要突破时间的围墙。如果你认为努力工作是一种损失的话，那绝对别指望得到充实的工作。其实你可以偶尔尝试摆脱时间的限制，把工作当成自己的使命，硬拼到底，使工作尽善尽美。这就是从时间的奴役中解脱的开始，超越时间的自由世界之门将为你而开。只知道细数着时间过日子的人，不会有什么成就，所有的只是空白的过去，将来所能回忆的也只是一片空白的时间罢了。

忙得忘了时间、忘了吃饭、也忘了睡觉，"那个时候太专注啦！"这种令人怀念的充实生活，即便在你回忆起来的时候也是非常兴奋的。

有人说："能够控制时间的人，也就能控制世界。"但是在摆脱时间限制的同时，能够妥善利用时间，才是最重要的事。就好像开拓时间的原野，最要紧的是勤于耕种以及施肥，而且必须付出很多的工夫，才能增加收获。

为了使自己一天比一天更充实，试着从以下几个方面进行努力吧：

今天就要做好明天的计划和准备。

要比别人早30分钟开始。

把今天要做的工作按重要程度排序。

在较忙碌的日子，要先把重要、紧急的事务处理好。

从最讨厌的工作开始做。

每天要比别人多做30分钟。

每天至少要有30分钟用来思考。

每天要安排10分钟做将来准备突破的事情。

在每天即将结束时，要做当天的反省工作。

在过去的岁月里，也许你说不上努力也谈不上勤奋，常常谩骂、批评、抱怨、四处发牢骚，对自己的工作没有丝毫激情，在生活的无奈和无尽的怨悔中平庸地生活着。

是的，也许你虚度了光阴，甚至华发初生却还一事无成。但是，这并不重要，毕竟那是已经过去的事了，重要的是，从现在开始，你未来的态度将如何？

人的一生就是一个圆，总沉湎于昨天的人，其人生只能是抱残守缺。因为把目光滞留在昨天，就永远不会有余暇关注今天，更不可能以饱满的热情去创造明天。

孔子曰："往者不可谏，来者犹可追。"的确，昨日的阳光再美，也移不到今日的画册。我们为什么不好好把握现在，珍惜此刻的拥有呢？为什么要把大好的光阴浪费在对过去的悔恨之中呢？

覆水难收，往事难追，后悔无益。

人生总有昨天、今天和明天。过去无论成与败，悲与喜，幸福与不幸，无论曾努力还是在混日子，他都只能代表过去，而未来是未定的，未来的状况如何，要靠现在的行动来决定。

1940年，娜西亚出生在美国密苏里州的一个小镇上，她是一个私生女。娜西亚慢慢懂事了，发现自己与其他的孩子不一样：她没有爸爸。小伙伴们不愿意跟她一起玩，还有人投来异样的目光。她不知道这是为什么，感到很迷茫。

娜西亚不知道自己的父亲是谁，一直和妈妈相依为命。上小学以后，她仍然遭遇冷眼，许多人鄙视她，认为她是没有教养的孩子。在周遭这样的环境下，她变得越来越懦弱，越来越封闭，逃避现实，不愿意和人接触，变得越来越孤僻。她害怕跟妈妈一起到镇上的集市去，因为在那里总能感到有人在背后指指点点："她是个没有父亲、没有教养的孩子！"

娜西亚14岁那年，镇上来了一个牧师，她的一生从此开始改变了。

一天，其他人都进入教堂以后，娜西亚偷偷地溜了进去，躲在最后一排。这时，牧师正在讲："过去不等于未来，即使过去成功了，未来不一定就成功；即使过去失败了，未来也不等于失败。过去的成功或失败，都只是过去的事情，未来是靠现在来决定的。"

牧师的话感动了娜西亚那颗受伤的心灵。娜西亚听得入迷了，她忘记了时间，也忘记了自卑和怯懦。人都走光了，她还没有觉察。这时牧师已经走到她跟前。温和地问："你是谁家的孩子？"

娜西亚十多年来最害怕听到这样的话，这句话就像匕首一样，深深地扎进她流着血的幼小的心房。她开始不知所措了："我……我……"这位牧师好像意识到什么，立刻笑着说："我已经知道你是谁家的孩子了——你是上帝的孩子。"

牧师抚摸着娜西亚的头，语重心长地继续说："你和所有的人一样，都是上帝的孩子！过去不等于未来。不论你过去如何，这都不重要。重要的是你对未来必须充满信心和希望。你现在就可以作决定，做你想做的人。孩子，人生最重要的不是你来自哪里，而是你要走向哪里。只要你对未来充满信心和希望，你现在就会有无穷的力量。"

正是牧师的这番话使娜西亚的心态发生了巨大的变化。

若干年后，娜西亚成为一个大公司的总裁。

上面这个故事中，出身问题一直困扰着娜西亚，一个牧师的一句话改变了她，她开始懂得过去的不幸只能是过去，未来是要从现在开始自己努力去创造的。

一个外国企业家做洗发水，做了12年都没赚到钱。如果换作别人别说做12年了，做两年恐怕就要放弃了，但是这个企业家并没有放弃。为什么呢？因为他有坚定的信念，他相信过去不等于未来。他认为人生没有失败，只是暂时还没有成功。

他在第13年赚了5千万美元，第14年赚了1亿美元。

昨天不成功，不等于今天不成功，也不等于明天还不成功。只要有目标，有信心，付出辛劳和汗水，也许明天就会一次性把所有的付出全都补偿给你。忘记过去，把握现在，构建未来，这才是一个人的正确选择。

千万不要说时间来不及！

有一个人想学医，可是又犹豫不决，就去问他的一个朋友："再过4年，我就44岁了，能行吗？"

朋友对他说："怎么不行呢？你不学医，再过4年也是44岁啊！"他想了想，瞬间领悟了，第二天就去学校报了名。

是啊，即使你不行动，时间还是无情地流逝，片刻不会停留。那么，何不在这段时间里努力进取，做出成绩来呢？

只要你立刻开始努力，就一点儿也不晚。

有位哲学家说过："支撑人类不断进步的力量，是人类有一颗永不满足的心。"因为不满足，我们才能够始终坚持积极进取、努力奋斗的精神，我们才能够不断超越自我、完善自我，创造更大的成就。

富兰克林人寿保险公司前总经理贝克说："我敦劝员工们要永不满足。这个不满足的含义是指上进心的不满足。这个不满足在世界的历史中已经导致了很多真正的进步和改革，我希望你们绝不要满足。我希望你们永远迫切地感到不仅需要改进和提高你们自己，而且需要改进和提高你们周围的世界。"

常常有机会看见那些天分颇高的员工，一生只做些平凡的事。他们的天分虽高，却没有受过充分的训练、培植。他们从来没有意识到自己应该进步。他们熙来攘往，所看到的只是月底领薪水，以及领到薪水以后几天中的快乐时间，结果他们的一生总是平平庸庸。之所以这样，就是因为他们满足于现状。任何人只要满足现状，就不会有所作为。

很多人以为在学校里学了一定的知识，可以找个工作，能够养家糊口就心满意足了。这样，人们只能利用其一小部分的天赋才能应对所从事的工作，而不能尽其教育与训练的全部天赋才能，所以他们在事业上一定要受很大的影响。本来足以领导人的人，因为满足于现状，就没有更辉煌的前途了。

有一位名叫克尔的人，毕业后去了纽约，找了一份好工作，又娶了一位好太太，生活非常美满。一次他的大学同学到纽约出差，顺便去看他。他带着同学到一家高档饭店去用餐。他的同学对他说："都是老同学了，随便找个地方吃点就行了。"他看出来老同学的意思，怕在这里消费不起，便说道："我不是打肿脸充胖子，到这个地方来对你我都有好处。你只有到这个地方来，才能知道自己的包里钱少，你才能知道什么是有钱人来的地方，你才会努力改变自己的现状。如果你只是去中等饭店，永远也不会有这种想法。我相信只要努力，总有一天，我会成为这里的常客。"这些话有一定的道理，人只有不满足自己的现状，才会产生出动力，去改变自己。如果满足自己已经取得的现状，你就不会有所成就了。

美国某铁路公司总经理，年轻时是一个三等列车上的工人，周薪只有12美元。有一个老工人对他说："你不要以为做了管理制机的工人，就觉得了不起。告诉你，你想当车长，还得好几年呢。到那时，你才可以趾高气扬，享受一周100美元的待遇。"没想到这位年轻人满不在乎地说："你以为我做了车长就满足了吗？我还准备做公司的总经理呢！"正因为这位年轻人不满足于现状，最终就实现了他的愿望。

不满足现状，可以改变你的现状。你可以利用10分钟思考一个工作的难题，在自省上下一分工夫，就足以助你在事业上上进一分。许多成功人士的早期，年薪很低，工作却很苦，但他们利用其闲暇的时间，勤思苦练以求上进，比之他们在日间的工作更为努力。在他们看来，薪水并不是大事，而追求知识、要求进步则是真正的大事。不满足现在，立志在未来，所以，成功者就不断地追求知识，给自己创造机会。

无论怎样，一个员工愈能求知，则愈有知识。你能多多储备知识，就能够丰富你的生命。这种努力，日积月累，可以使你于日后大有收益，可以使你更为充实，可以使你更能应付人生。

一个青年，他常有机会坐火车、轮船旅行远方。每次在火车中，他总是随身带些读物，如袖珍书本、函授学校中的讲义，他总是利用那些易为一般人所浪费的零星时间来追求自己的进步。结果，他对于各门学问都有相当的认识，他对于历史、文学、科学及其他各种重要的学问都了解很多，研究很深。不满足自己现有的知识，不断地学习，就能够为自己创造适应社会发展的机会。

孜孜以求地不断追求进步，是一个人"优越"的标记与"胜利"的征兆。

有的人或许以为利用闲暇的时间来思考工作总得不到多大的成绩，因而不想在闲暇的时间多作一些努力。这无异于一个人因为自己进款不多，以为即使尽量储蓄，也不能成为巨富，所以一有金钱，尽数挥霍，不屑储蓄！但是有许多人，就是因为利用了零星的闲暇时间求得了工作中的巨大成绩，这样的事例不胜枚举。

工作竞争日趋剧烈，工作情形日益复杂，如果你满足现状，不思进取，那么，你不仅不能使自己的命运向更好的方向发展，而且可能会使你在不远的将来混不下去。在今天的工作场上任何人都不敢满足现状，每个人都必须勤奋努力，才能适应时代的要求，实现工作的目的。

大多数人的问题，就在一心希望在顷刻之间成就大事。其实事情是要渐渐成就的。这些人应该不断地努力思考工作，不断地充实自己的知识宝库，最终才能够改变自己命运。

不满足是工作的动力，有了这个动力，你就能够克服所有的困难，不断提升自己，不断改变自己，实现自我价值。

好多人认为，奋斗就是为了使自己的生存状态能得以改观。从表面上来看，这种看法有一定的代表性，但如果我们换一个角度，从人类发展的历史来看，这种眼光就有些浮浅了。

纵观人类的发展过程，真正能促进社会进步的，都是那些不计个人得失而全力奋斗的人们，在推动着历史的车轮向前滚动的。

而那些只为个人利益做计较的人，是成不了社会进步的主力的。如果这种思想能称得上是奋斗的话，那么这种奋斗在现实中，多数时间是以投机钻营而从中渔利来经营他的人生的。这种人永远不会为哪一个科研成果而苦付终生的，这种"奋斗"对于社会的进步和发展，是不会有太大的帮助的。

所以，以上两种都能称之为奋斗，只是大的奋斗是为人类和社会的，而小的奋斗，是为自我个人得失而存在的。

它们的区别和特点我们只能从它的结果上来分析，大的奋斗，可能是奉献得多回报得少的一种上进的精神意识，而小的奋斗则是以少付出求得多回报的一种索回的意识理念。所以前者可称得上是进取，而后者只能说是一种索取了。

也正因为人生真正的收获和快乐是精神的而不是物质的，我们再从进取和索取上来分析人生中的收获与损失，痛苦与快乐，可能也就不言自明了。

我国著名的固体物理学家谢希德，曾是复旦大学的副校长、现代物理研究所所长、中国科学院物理学部委员，她还曾接受了美国史密斯学院和纽约市立学院授予的荣誉博士学位，并在美国的几所大学讲学。

谢希德出生在科学世家，有着天赋和智慧，又勤奋好学，1947年，她赴美留学，获物理学博士学位，在美国享受着非常优越的待遇和政府津贴。

后来她知道了解放初期的中国在物理科学领域还十分的落后，国家的建设急需她这样的人才。所以，她决心放弃在美国优越的条件，和多年经营的研究成果，回到祖国的怀抱。

在当时，中美关系还十分紧张，美国政府政策是禁止中国科学家回国的。

在不得已的情况下，她就同正在剑桥大学读书的未婚夫曹天钦相约，在李约瑟教授的帮助下，几经周折，才得以离开美国，到了英国。在那里她和未婚夫草草完婚后，一同回到了祖国。

从此，他们就在极其简陋的条件下，在物理学和生物化学领域，进行着科研和教学工作。谢希德在复旦大学物理系任教。当时，高校的教材十分缺乏，她每开一门课程，就认真编写一门讲义，她先后编写了近20本教材，为我国的电子物理学打下了坚实的基础。同时，她的科研工作也没有中断，她带过几批研究生，写出了几篇质量较高的论文，她和研究生联名发表的论文《空间群矩阵元的选择定则》，引起了国内外专家的兴趣和重视，她在北京33个国家参加的暑期物理讨论会上，发表了她和同事们做的《半导体能带计算》的论文，是我国第一次采用计算机计算半导体能带的初步成果。

一个有着非常成就的物理学家，以她甘于清贫和乐于进取的平凡心态，在我国的物理学的教育和研究领域，作出了卓越的贡献。同时也以她的实际行动，诠释了人生奋斗的真谛。

奋斗，是人生的一个主题，我们能否得到一个准确的答案，是由我们对进取的认识所决定的。

有时候，评断一个人一生的成败，不是以他得到了什么作标准的，而是要以他究竟为人类奉献了什么为准则。

所以，奉献，有时是人的生命过程中最大的收获。无论如何，人类都是要进步的。每一个人的肩上，都是担负着与时俱进的责任的。我们所强调的平凡，是一种淡化名利和物欲的心态，是要求人在进取的同时，不以满足私欲为己任的一种积极意识。所以，能拥有平凡心态的人是可贵的；而能在平凡的心态下，还能做到勇于进取的心态，也就更为可贵了。如果我们认为平凡就是与世无争而不思进取，那就错了。因为平凡不等于消极平庸和碌碌无为，更不是坐以待毙和不思进取，因为人生在世，无论是平凡还是伟大，奋斗和进取，是人生获取快乐的重要途径之一，所以，只有在甘于平凡的同时，还要有奋斗和进取的意识，只有这样，你的人生，才是完美无憾和充实快乐的。

人生的过程就是一个奋斗的过程，但我们主要是应该明白人生奋斗的意义。奋斗，在我们的意识中，概念是不统一的，它的主要区别，来源于我们对人生的认识和对生命的理解。

——腾讯网友恍如隔世

拥有一颗谦卑的心

过分自以为是的人和极度骄傲自大的人是无法触及人性的科学的。

——阿德勒《理解人性》

一头公羊，长得膘肥体壮，一对又粗又长的犄角，高高地挺立着。

小白兔看见它，欢喜地蹦蹦跳跳。公羊根本无心理睬这个小东西，微微地斜了一下眼睛，心里想道："你蹦个啥劲儿，想巴结我吗？我才瞧不起你这个没有一丁点本领的小玩意呢！"

小松鼠看见它，抬起两只前腿，转动着两只机灵的大眼睛。公羊动也不动一下它那威武的脑袋，心里想道："我稀罕你来恭维吗？瞧你那没出息的样子，一丁点风吹草动，就能把你吓得屁滚尿流，东逃西窜！"

公羊不论遇到什么猫呀、鸡呀、狗呀……都能想出些挖苦的话来，数落它们一番，使自己心中愉快一阵，然后便觉得世界上唯一强大、有本领的动物，只有它自己。

公羊迈开步子，自负地仰着头，在田间小路上大摇大摆地踱起步来。暖融融的阳光，把它的影子投在小路上，它看到地面上自己雄壮的影子，尤其是那两只又粗又长、高高挺立的犄角，越发感觉世界上的一切与它相比起来，都是渺小而脆弱，不堪一击。

它走在路上，想寻找那坚硬的岩石、高大的树木，甚至车轮上铁铸的辐条，用它那双坚硬的犄角来和它们较量一翻。

它昂首阔步地边走边想。看看周围，既没有岩石、树木，也没有车轮经过，公羊叹了一口气，自言自语道："这都是因为害怕我而躲得远远的了。"

公羊走着走着，发现了一道竹子编的篱笆。它轻蔑地斜着眼睛看了看，心里说："小小的篱笆有什么了不起的，不费吹灰之力，就能把你掀翻！"

于是，它就弯下脖子，四蹄蹬直，憋足了劲，"呼"的一声冲了上去，撞在了篱笆上。可是，篱笆并非像公羊想象的那样被掀翻，而是纹丝不动。公羊的犄角却被撞伤了，那两只摇摇欲断的犄角，被紧紧地夹在篱笆缝里，怎么也拔不出来了。公羊耷拉着脑袋，缩着脖子，连直溜溜的四条腿也疼得打弯儿了。

自负的人通常是相当自恃、有野心和难以相处的，而且对自己的成就感到相当的骄傲，尽管他们表现得很有自信，但是他们仍然会因对形势估计不足而犯下大错。

自负的人经常觉得自己相当特殊而且独一无二，因此他们也常会希望得到特别的待遇，而不考虑别人的困难和自身的实际处境。

自负的人在生气时，通常会假装平静不带有任何感情，企图隐藏他们的感情。然而如果他们遭到非议或事情不能合他们的意，他们可能会相当愤怒，非常激烈地爆发他们的情绪。

做人，决不能自负。

（1）一个人过于自负，他就会藐视一切权威，藐视一切规则，从而变得妄自尊大，谁都瞧不起，谁都不放在眼中。慢慢地，整个世界变得似乎只有他一个人存在似的，严重脱离实际，最后，只能是孤家寡人了。

（2）一个人过于自负，就会被自己的自负所蒙蔽，而判断不清当前的形势。打胜仗的人永远是善于掌握形势、因时机决定机动措施的人。

（3）一个人过于自负，他对自己的行为就会失去有效的控制，自己想骂谁就骂谁，想怎么干就怎么干，一切的一切都跟着自己的感觉走，为所欲为，这股狂劲一上来，是谁都阻止不了的。

（4）一个人过于自负，他就会陷于一种莫名其妙的自我陶醉之中，陷入一个不切实际的自傲自大的陷阱之中，无论他人对他有多大的意见，无论他人对他有多少说法和评价，这类人的"自我感觉"永远都是良好的，他永远生活在听不进批评的自我满足之中。所以凡目空一切者都"喜欢依附他人或谄媚他人的人，而厌恶见高尚的人……而结果这些人愚弄他，迎合他那软弱的心灵，把他由一个愚人弄成一个狂人。"

（5）一个人过于自负，他就会变得非常瞧不起他人。对待他人，这也不是，那也不对，似乎他人就是天生的"二等公民"，就是"天生的笨蛋"，就是自己的奴隶，他们之所以到这个世上来就是为了接受他的训斥，就是为了接受他的教诲。

（6）一个人过于自负，就会对自我失去客观的评价，他们总觉得自己了不起，自己是一个伟人，甚至以傲慢来掩饰自己的无知和卑怯，所以希腊有位叫希尔泰的学者说过这样的话："傲慢始终与相当数量的愚蠢结伴而行的。傲慢总是在即将破灭之时，及时出现。傲慢一现，谋事必败。"

没有人否认精明强干的人都会藐视陈规旧俗，也没有人否认天才都有一定的叛逆性，但任何事都不能做得太过分。为人处世如果太过分，就容易自负，一个易冲动、自负的人，不仅不会取得成功，而且会把已经取得的成功葬送掉。

所有自负的人都认为，自己有学识，有能力，或有功劳；而谦逊的人却总是习惯认为自己还差得很远。自负者也许真的有其自负的资本，而谦虚者真的差得很远吗？

希腊古代哲学家苏格拉底的一则小故事，可以充分说明这个问题。苏格拉底是古希腊哲学家中最受尊敬的一位。他不仅学识渊博，而且非常善于辨析，当时能够提出的任何问题，只要到了他的手里，没有不迎刃而解的。但是他非常谦虚，从来不以权威自居，循循善诱，让对方自己得出正确的结论。

由于博学而谦逊，苏格拉底被公认为最聪明的人。但是苏格拉底却一点也不这样认为。他说："不可能！我唯一知道的事情是，我一无所知。"

众人仍异口同声地称赞他是天下最聪明的人，并建议他到山上的神庙去占卜，占卜的结果明白无误：他确实是天下最聪明的人。面对神谕，苏格拉底无话可说了，但是口里仍然喃喃自语："我唯一知道的事情是，我一无所知。"可是总会有不少的人认为自己天下第一，这样的人，哪有不跌跟头的，就像前面的那只山羊。

列夫·托尔斯泰曾经有一个巧妙的比喻，用来说明骄傲的原因。他说："一个人对自己的评价像分母，他的实际才能像分数值，自我评价越高，实际能力就越低。"

人的自负是外面来的，比如金钱、权力、门第、家族、信徒……这些东西是有力量的，这种力量首先征服的就是它的拥有者，将他撑起来，撑起来后的状态就是"傲"，就是自负。那些傲气十足的人，你会发现将他撑起来的那股气令自负者身不由己。

人的谦恭是诸如学问、涵养、德行、才智、情趣……这些内力让他珍爱它们，自爱且自尊，于是也就自谦，自谦者知道如果没有内在的美德，这个躯体一钱不值。这就是自知。

事实上，自负的真正原因并非饱学，而是因为无知。同样，谦虚的真正原因也不是他差得很远，恰恰相反，他的确不比别人差。谦恭的原因在于一个人的总体修养如何，而不在于是否多读了几本书、多做了几件事。

人们常常谈到的清高、孤傲与怠慢，这三者往往是结合在一起的。它们相互作用的结果往往使你孤陋寡闻，而其中危害最深的则是傲慢。

傲慢是粗俗。它哗众取宠、盛气凌人，往往使人摆出"趾高气扬，不可一世"的俗态。

傲慢是无知。它庸俗浅薄，狭隘偏见，表现出夜郎自大的心态，是虚荣和一知半解结合的怪物。

傲慢是愚蠢。它故作高深，附庸风雅，其实是井底之蛙的仰望，是矫揉造作的不高明的表演。

傲慢是自负。它会使人觉得难于接近，只得敬而远之，或避而躲之。

傲慢是流沙。它常常导致事业的失败。

中国的传统文化素来鄙视傲慢，崇尚平等待人。一般来说，知识越多，学问越广的人就会越谦虚；文化越低，气量越小的人越傲慢。被奉为千古宗师的孔子说过这样的话：不要强不知以为知，要知之为知之，不知为不知。莫忘三人行必有我师，谦逊的态度会使人感到亲切，傲慢的架子会使人感到难堪。

相传南宋时江西有一名士傲慢之极，凡人不理。一次，他提出要与大诗人杨万里会一会。杨万里谦和地表示欢迎，并提出希望带一点江西的名产配盐幽菽来。名士见到杨万里后开口就说："请先生原谅，我读书人实在不知配盐幽菽是什么乡间之物，无法带来。"杨万里则不慌不忙从书架上拿下一本《韵略》，翻开当中一页递给名士，只见书上写着"豉，配盐幽菽也"。

原来杨万里让他带的就是家庭日常食用的豆豉啊！此时的名士面红耳赤，方恨自己读书太少，后悔自己为人不该傲慢。

要做到不傲慢需要注意做到两点：一是认识自己，二是平等待人。防止傲慢首先要认识自己。一个人要正确认识自己是很不容易的。傲慢的人要么自以为有知识而清高，要么自以为有本事而自大，要么自以为有钱财而不可一世，要么自以为有权势而压人。殊不知，山外有山，楼外有楼，还有能人在前头。人贵有自知之明。古今中外成大事业者，都是虚怀若谷，好学不倦，从不傲慢的人。宋代文学家欧阳修，其晚年的文学造诣可说是达到了炉火纯青的地步，但他从不恃才傲世，仍一遍遍修改自己的文章。他的夫人怕他累坏了身体，劝他说："何必这样自讨苦吃？又不是小学生，难道还怕先生生气吗？"欧阳修回答说："不是怕先生生气，而是怕后生笑话！"虚心自知，才是医治傲慢的一剂良方。

与人交往一定要做到平等待人。平等待人不仅是文明礼貌的行为，也是人品修养的体现。平等待人是针对傲慢无理而言的，它要求人们在社会交往中，不管彼此之间的社会地位和生活条件有多大的差别，都一视同仁。待人切忌"势利眼"。古人说"不谄上而慢下，不厌故而敬新"，就是说待人时不应用卑贱的态度去巴结逢迎有权势、有钱财的人，而怠慢经济条件较差、社会地位不高的人。人本无高低贵贱之分，每个人都有自己的人格，人格作为人的一种意识和心理深深地附着在人的身上，并时时加以维护。

人格的基本要求是不受歧视，不被侮辱，要求平等。

如果你不愿遭到别人的反感、疏远，那你就切勿傲慢和过分强调自我。如果每个人都注意加强品德修养，都谨防傲慢，那将会使彼此的人际关系更加和谐，生活得更加幸福和愉快。

适当的自负能激发人的斗志，树立信心，过于自负则很容易走向偏执。自负使人容易片面地认识自己，觉得自己的优势胜过别人，对自己的缺点却视而不见。由于自负而导致偏执，顽固地抵抗外界对自己的批评，陶醉于自己的长处之中，自负者妄自尊大，不把别人放在眼里，而自己处在危险之中也不自见。自负使人变得越来越无知，自负者常常过于夸耀自己的长处，甚至有时把本应该引以为奇耻大辱的事拿来自吹自擂。自负者常常脱离群众，最终使自己处于孤立的状态，自负者最终的结果就是自我灭亡。

我们怎样做才能克服自负这个毛病呢？

1. 正确把握进步与学习之间的关系

自负的人总不能正确对待自己已经取得的成绩，或是用已有的成绩去掩盖自己的不足，或是用已取得的成绩去推定将来可能发生的事，于是，对现实的自我产生了一种不切实际的幻觉，感觉自己具有绝对的优势而战无不胜，其结果是：固步自封和目空一切。为成绩高兴是应该的，但这仅仅说明过去，而不是将来。毛泽东说："学习的敌人是自己的满足，要认真学习一点东西，必须从不自满开始。"树立了这个态度，就能正确把握"有点狂"和"不要太狂"的关系。

2. 正确把握自我和他人的比较

一个人的狂劲是与他人比较之后的产物。如果将自己的优点与他人的弱点相比，就会越比越骄傲，越比越自信，越比越狂妄；如果将自己的弱点与他人的优点相比较，则会产生相反的结果，越比越丧气，越比越自卑，越比越渺小。因此，在与他人的比较之中，不要走极端，既要将自己的优点与他人比较，也要将自己的缺点与他人比较。就像法国学者卢梭所说："伟大的人是绝不会滥用他们的优点的，他们看得出自己超过别人的地方，并且意识到这一点，然而绝不会因此就不谦虚。他们的过人之处愈多，他们愈意识到自己的不足。"人，必须如此。

3. 学会接受批评

对别人正确的意见和批评要善于接受，不要顽固消极地坚持自己错误的观点，甚至产生逆反心理，明知是错误也不改正。接受批评才能进步，固守己见只能使自己越来越狭隘，越来越自负。

4. 平等地对待每个人

世上没有两片相同的树叶，因为差异，这个世界才显得多姿多彩。不要强行把自己的标准要求别人服从，也不要自以为高人一等，不但要认识自己的长处也要认识自己的短处，同时也要认识别人的长处。平等地与人交往才能更好地发展自己。

有位编辑很有才气，他编辑的杂志很受欢迎。有一年他得到了大奖，一开始他还很快乐，但过了个把月，却失去了笑容。他说，社里的同事，包括他的上司，都在有意无意间和他作对。

这是为什么呢？原因是他犯了"独享荣耀"的错误。事情是这样的：

他得了大奖，老板还另外给了他一个红包，并且当众表扬他的工作成绩。但是他并没有现场感谢上司和属下们的协助，更没有把奖金拿出一部分请客，所以大家虽然表面上不便说什么，但心里却感到不舒服，和他产生了隔阂，所以就和他作对了。

其实就事论事，这份杂志之所以能得奖，这位编辑贡献最大。但是当有"好处"时，别人并不会认为哪一个人才是唯一的功臣，总是认为自己"没有功劳也有苦劳"。所以他"独享荣耀"，就会引起别人的不舒服。尤其是他的上司，更因此而产生不安全感，害怕失去权力，为了巩固自己的领导地位，这位先生自然就没有好日子过了。

由于上司的白眼，同事间关系的冷漠，两个月后这位编辑就因为待不下去而辞职了。

所以，当你在工作上有特别表现而受到肯定时，千万记得别独享荣耀，否则这份荣耀会为你带来人际关系上的危机。

为了让这份荣耀为你带来益处，你需要做好如下几件事：

1. 感谢

感谢同仁的鼓励、帮助和协作。不要认为这都是自己的功劳，尤其要感谢上司，感谢他的提拔、指导、授权。如果实际情况果真是如此，那么你的感谢就是应该的；如果同仁的协助有限，上司也不值得恭维，你也有必要感谢他们，这样做虽然勉强一些，但却可以使你避免成为靶子。

2. 分享

口头上的感谢也是一种分享，这种"分享"可以无穷地扩大范围；另外一种是实质的分享，别人倒也不是要分你一杯羹，但是你主动的分享却让旁人有受尊重的感觉。如果你的荣耀事实上是众人鼎力协助完成的，那么你更不应该忘记这一点。"实质"的分享有很多种方式，小的荣耀请吃糖，大的荣耀请吃饭，分享了你的荣耀，就不会有人和你作对了。

3. 谦卑

人往往一有了荣耀就"忘了我是谁"地自我膨胀，这种心情是可以理解的，但旁人就遭殃了，他们要忍受你的嚣张气焰，却又不敢出声，因为你正在风头上。可是慢慢的，他们会在工作上有意无意地抵制你，不与你合作，让你碰钉子。因此有了荣耀，要更谦卑。要不卑不亢不容易，但"卑"绝对胜过"亢"，别人看到你的谦卑，会说"他还满客气的嘛！"当然就不会找你麻烦，和你作对了。

谦卑的要领很多，但做到以下两点就差不多可以了：

（1）对人要更客气，荣耀越高，头要越低。

（2）别再提你的荣耀，再提就变成吹嘘了。事实上，你的荣耀大家早已知道，何必再提呢？

其实别独享荣耀，说白了就是不要威胁到别人的地位和利益，不要侵占别人的生存空间。因为你的荣耀会让别人变得黯淡，产生一种不安全感；而你的感谢、分享、谦卑，却能给旁人吃下一颗定心丸。人性就是这么奇妙。

如果你只想独自享受荣耀，那么总有一天你会自吞苦果。

> 谦卑是我们生活、工作、学习乃至于克服烦恼、习气的法宝。如果我们真的意识到了应该谦卑的问题，那么或许所谓的烦恼、习气很多会一扫而光。
>
> ——新浪网友失而复得

超越自卑，父母应适当引导

溺爱不是爱

> 被娇宠的儿童多会期待别人把他的愿望当法律看待，他不必努力便成为天之骄子，通常他还会认为与众不同是他的天赋权利。
>
> ——阿德勒《超越自卑》

溺爱是一种不健康的、丧失理性的爱，但对孩子的溺爱，已经成为中国家庭教育中一个十分突出的问题。

由于中国特殊的国情，独生子女日益增多，溺爱孩子的问题也显得日益突出。许多一线教师都反映，现在的孩子越来越难教，说不得，管不得，动不动就撒娇和哭闹。由于父母溺爱孩子，使得其他社会教育工作者的工作也变得异常艰难。

中国民间有句谚语：慈母多败儿。说的就是妈妈对孩子的管教过于宽松，太溺爱孩子，使得孩子日益骄横而一无所成。在独生子女占多数的当代社会，全家人几乎都围着一个孩子转的时候，溺爱孩子的现象变得越来越严重。而在这些溺爱孩子的家庭中，许多父母都有着很好的教育背景。这一切，不得不令人扼腕叹息。

"父母之爱子，则为之计深远"，这是中国传统教育的教子名句，今天尤其显示它的深远意义。父母爱自己的孩子，不能只看到眼前为他解决了什么实际的困难，满足了他的实际需要，更要着眼于他的未来。试想，父母凡事替孩子包办，让孩子丧失了独立处理事务的能力，那么，孩子在日后的人生路上，能独自面对所遇到的困难吗？能忍辱负重，有所成就吗？父母的溺爱带来的后果，究竟是"爱"，还是"害"？

其实，溺爱孩子并非当代家庭才出现的现象，在古代也同样存在。《红楼梦》中的薛蟠自幼丧父，成为母亲薛姨妈唯一的依靠与寄托。正由于寡母的一味宠爱与娇纵，使得这个薛大公子四处惹是生非，整天游手好闲，成为一个标准的纨绔子弟。而在《后汉书》中，更是记载了"孤犊触乳，骄子骂母"的溺子故事。那受着妈妈骄宠的孩子，长大以后居然对着妈妈破口大骂，丝毫没有为人子的孝顺与尊重。

古代的这些案例，无一例外地告诉当代父母，溺爱孩子只会为孩子失败的人生埋下伏笔，更不可能让孩子具备孝顺、尊重、友爱等必须拥有的基本品德。因此，父母不应该采取这种盲目而不理智的方式来培育孩子。真正的爱，是为孩子的将来着想，努力培养他适应社会的能力与品德。

溺爱出来的孩子，就像温室里的花朵，看似娇艳夺目，却不能经受人生的风雨洗礼，最后也难结出丰硕的果实。

世界上没有不爱孩子的父母，但是懂得如何真正地爱孩子的却不多。父母的爱，应该像孩子人生的灯塔，始终引领着孩子走向理想与成功的彼岸。

当孩子考试成绩不好时，父母应该指导孩子看到自己的优点，鼓励他们继续努力；当孩子获得成功时，父母应该及时发现孩子的不足，指引他们及时弥补并且再接再厉；当孩子不能完成某件事情的时候，父母应该鼓励他们再坚持一下，而不是为他们包办、替代一切等。

溺爱就是父母管得太多，为孩子做得太多，一手包办本该由孩子完成的事情。要改变这种情况，就从让孩子自己的事情自己做开始。

茹雪7岁，是家中的独生女。尽管如此，她却没有所谓"小公主"的骄气，这与父母对她的严格要求是分不开的。

茹雪两三岁的时候，父母就开始教她自己穿衣服。虽然刚开始，教她穿衣服的时间远远多于父母自己动手给她穿上衣服的时间，但是父母却坚持这样做。这样，她渐渐能够独自穿衣了。妈妈又耐心地教她如何收拾、整理房间，并且鼓励她帮助父母做一些力所能及的家务活。这样，茹雪从小就很坚强、独立。

在鼓励孩子"自己的事情自己做"的时候，父母应该多一点耐心和坚持。例如教孩子穿衣服时，父母们应该享受教育孩子的过程，坚持让孩子自己做自己的事情。另外，父母还应该根据孩子的年龄和能力水平，教会他们学会适合做的事情。

受父母溺爱的孩子，最容易产生依赖心理。最典型的，便是跌了一小跤，也总是期望父母过来扶一把。

荣轩已经7岁了，但是特别爱哭。这天，妈妈刚走进厨房，便听见儿子在客厅里大哭着找妈妈。爸爸皱着眉头说："别理他，就是摔了一跤，让他自己站起来好了。"

妈妈心疼极了，嗔怪爸爸："什么？不理他，他一定摔疼了才哭得这么厉害。"但是在爸爸的坚持下，妈妈还是留在了厨房。过了一会儿，荣轩果然没有再哭了。但是过了一会儿，爸爸端着菜进客厅的时候，荣轩又摔在了地上，接着哇哇大哭。

爸爸同情地看着他，但丝毫没有过去扶他的意思，说："跌倒了，男子汉都会自己站起来的。"荣轩果然自己站了起来，也没有再哭闹。

当孩子跌倒了，父母不要急匆匆地跑过去扶他，应该首先鼓励他"自己站起来"。如果孩子真的摔伤了，父母当然应该立即过去扶，但是在日常生活中，孩子都是想通过撒娇来博得父母同情的。

日常生活中，父母对孩子"要什么，就给什么"，如果有一天，孩子要的东西父母给不起了，那孩子会做什么呢？

妮妮是家中的"小公主"，父母、爷爷奶奶都围着她一个人转。当她还是个娃娃时，妈妈抱着她一起去逛商场，她用小手指着哪个物品，妈妈都会毫不犹豫地将其买下来。

从出生到现在，妮妮的柜子里已经塞满了许多根本没有用过的东西，这些东西，都是她向父母撒娇得来的"战利品"。她从来不会考虑到自己是否真的需要，只是一味地要求父母满足自己突然产生的欲望，而父母从不拒绝。

当孩子提出的要求不合情理时，理智而聪明的父母应该立即拒绝，向孩子传递一个信息：如果你提出非分的要求，没有人会满足你。当然，如果孩子的要求确实合情合理，父母可以适当地满足。

当孩子成为父母生活的全部时，那么孩子也十分不幸地成为了父母寄托全部希望的替代品，此时，溺爱也将不可避免地发生。因此，聪明的父母永远不要对孩子传递这样的信息，别让孩子以为他的快乐是家人追求的全部内容。

父母要明白，孩子不应该，也不可能成为自己生活的全部，因此，无论在任何时候，父母都不应该说出这样盲目而不理智的话语，向孩子传递不良的信号。

安徽省合肥市重点中学一位成绩优异的学生班干部，在春节过后，开学的第一天竟然出乎意料地离家出走了。她的家庭条件很好，父母都是机关干部，爷爷奶奶、姥姥姥爷也都是该市的离休干部。当记者问起这位好学生为什么离家出走时，孩子的爸爸赶紧检讨说："都是我们不好，老让孩子学习，给孩子的压力太大了。"

可他们的孩子却摇头，说："并不是爸爸说的那样，我离家出走，只是想让自己好好地活一回，因为父母对我的管束实在太多了！"她还说："班里和我有同样想法的学生还有许多。"

孩子的话虽然很简单，却很真实，令许多父母目瞪口呆。

很多父母说："孩子越大越不听话，不像从前那样，有什么事都和父母讲。"还有的父母发现孩子有些事瞒着家长，有些东西藏起来不让家长看见，同学之间的书信和他自己的日记，总要放到安了锁的抽屉里。对孩子的这些行为，父母感到不安，怕孩子染上坏毛病。的确，父母总是希望孩子的一切行动都在自己的掌控之中，认为只有这样孩子才安全、不会学坏、不会出错。所以，父母往往对孩子有问不完的问题，以便于了解孩子的全部。

殊不知，这种做法是错误的，孩子也有他自己的世界，有自己驰骋的天地、遨游的空间，孩子也把自己的隐私看得十分重要，父母如果粗暴地干涉，是不会收到好的效果的。并且随着孩子年龄的增长，他们的独立意识也越来越强。孩子渴望有一片属于自己的天地，而父母却要千方百计地给予孩子保护和指导，总想让孩子在自己面前"透明"，这就会造成父母与孩子关系紧张。当孩子觉得父母在侵犯他的独立空间时，往往会觉得父母不尊重、不信任自己，因而本能地闪烁其词、拒绝与父母交流、封闭自己，甚至用撒谎来对付父母，并从内心将父母列为逆反、抵触的对象。

常言道，"孩子是父母身上掉下的肉"，因此，大多数父母对孩子是"含在口里怕化了，捧在手上怕掉了"。不少父母都不自觉地把孩子看做"我的孩子"，甚至视为自己的化身，认为孩子是属于自己的，没有意识到孩子其实是一个独立的人。现在许多身为父母的"在职人员"越来越感觉到肩上的负担之沉重，他们感叹："我们为孩子操尽了心，能做的我们都做了，可是……"

可是的后面隐藏着父母对孩子的不满和无奈。然而他们不知道，这些不满的根源正是他们"操尽了心"的结果。

父母从小就要把孩子视做一个独立的人，像对待其他人一样对待孩子，和孩子进行充分的交流，让他对自己的行为负责。其实，孩子从小就有独立的愿望，两三岁的孩子常常会对母亲说："我也能干。"上了学的孩子更是常常希望有更多的独立做事的机会。因此，父母务必要改变观念，把孩子当做一个独立的人看待。只有这样，才能让孩子健康地成长起来。

父母要有意识地创造一些条件让孩子去做事。看一看孩子自己完成的事情，然后列出一张清单。这样做，就可以了解孩子的能力。父母要有耐心，不要对孩子太挑剔，孩子刚开始自己做事，肯定不可能做得很好，但父母不能剥夺他们做事的权利，父母应发现孩子的进步，指出其中的不足，让孩子改进，在自己动手的过程中获得自己做事的自信心。父母要按照孩子的年龄及智力、能力发展的程度，引导孩子自己动手做一些力所能及的事情。

孩子小的时候，父母们往往以长者的身份指挥孩子，并不曾真正体会孩子的感受。可是当孩子渐渐长大，他的独立意识开始逐渐增强的时候，父母们就不能再拥有这样的"特权"了。父母要给予孩子充分的信任，让孩子有决定自己事情的权利，让孩子有自己的隐私。比如对于有条件的家庭来说，让孩子拥有自己的房间、抽屉，不要监听孩子与同学、朋友的电话等。当孩子有小秘密时，父母要引导，告诉孩子哪些是隐私，哪些是需要让父母知道的，而不要采取粗暴的教育方法。在平时生活中，父母要多与孩子谈心，这种谈心不是父母和子女之间遮遮掩掩的对话，而是双方平等交流，以便让孩子说出心里话，最终与孩子成为好朋友。

这是某个家庭发生的一幕悲剧——一个早上，孩子的爸爸、妈妈匆匆忙忙地上班去了，家里只有奶奶和小孙子两个人，他们在快乐地做着游戏。一开始，孙子让奶奶拴一个绳套，跟着小花猫跑来跑去，想要套住家里的小花猫。小花猫跑起来特别快，一下子就逃走了。孙子有些不高兴了，提出了一个过分的要求——套奶奶的脖子玩。起初，奶奶有些不乐意，让他套脚。孙子一听，就闹起来，躺在沙发上又哭又喊，奶奶听到孙子的哭声，心一下子软了下来，只能听从了孙子。没有想到的是，奶奶年纪大了，身体不灵活，一下子就被孙子套住了，奶奶呼吸困难，说不出话来，便使劲挥手叫停。孙子不懂事，以为奶奶特别高兴，觉得好玩，就更加用力地拉起来，直到奶奶不动弹了，觉得没意思，一个人才扔下绳子出去玩了。

当孩子父母下班回到家中的时候，奶奶早已气断身亡了！就这样，奶奶的性命被一个不懂事的孙子夺走了。

孩子是父母生命的延续，普天之下，每一个父母都爱自己的孩子，这是人之常情，但是，这种爱也得有个限度，一旦超过了一定的限度，变成溺爱，那就有百害而无一利了。前苏联伟大的教育家马卡连柯说："没有父母之爱培养出来的人，往往是有缺陷的人"。从这里我们可以清晰看见父母之爱、亲人之爱对子女发展的巨大影响。然而，若这种爱过度了，就会适得其反。在溺爱中长大的孩子，容易形成娇气、任性、霸道等负面性格，他们往往自私自利，唯我独尊，只接受别人的爱，不知道要对父母和他人给予爱的回报。溺爱还会使孩子养成游手好闲、贪图享受、为所欲为的恶习，甚至失足，走上犯罪的道路。

俗话说，娇惯是害。事实上确实如此，父母是不能保护孩子一生的，也不应试图这样去做。现实告诉人们，做父母的应端正自己的教育观念，不能将对孩子的"襁褓期"延伸得太长太宽。对孩子有求必应，不让孩子受一点委屈，不遭一点磨难，这其实是一种畸形的爱。

从另一方面来说，孩子由于缺乏生活知识和经验，尤其对生活的艰难缺少体验，往往提出一些不合理、不正确的要求，这是可以理解的。但家长要理智地对待孩子提出的要求，正确的、合理的，应当予以满足；不正确的、不合理的，哪怕是再强烈、再迫切，也要"忍痛割爱"。爱孩子是有学问的，有讲究的，爱必须有积极的作用才是真正的爱。对孩子的要求一味地满足，孩子想干什么就让他干什么，想买什么就给他买什么，久而久之，稍不如意，孩子就会大发脾气，最后发展到在家称王称霸，蛮横粗野，而各种能力却极差。这样，直接受害的是孩子，进而，家长必然也难逃其害。法国著名教育家卢梭就特别反对父母对孩子百依百顺。他谆谆告诫做父母的："你们知道造成你们孩子的不幸的原因是什么吗？那就是他要什么便给他什么。"一味地迁就、溺爱孩子，最终会酿成家庭悲剧。

关于对"孩子"这两个字的认识，西方有句话说："孩子是上帝借给我们的，我们迟早还是要把他还给上帝。"确实如此，孩子是属于社会而非专属于父母的，孩子终究是要离开父母独立面对人生的。父母要让孩子了解家庭的环境、父母的辛苦，给孩子关心他人、为家庭和父母承担一定义务的机会，才能使孩子理解父母、体贴父母，并由此学会爱人、关心人和帮助人，学会承担自己应该承担的东西。父母不管做什么工作，有什么样的社会地位、挣多少薪水，都不应对孩子大包大揽，而应把孩子的人生还给孩子。

父母应当对孩子的要求和需要有个分析和判断，决不能感情用事，一味地姑息、迁就。父母疼爱、关心孩子是没错的，但这种疼爱、关心应该是含蓄的，如果可能的话，应该是宽厚的，不能过分感情用事。父母对孩子不好好学习、品德不好和没有礼貌的习性，要进行教育；对吃苦耐劳、经风历雨的事情，要放开手脚。总之父母对孩子的爱要保持在一个科学合理的范围内，而不要让爱变质变味，最后酿成苦酒。

着重培养孩子的责任感。父母要先从小处着手，让孩子在家庭的岗位上感受到责任的分量，例如让孩子做力所能及的家务等。父母要教育孩子对自己的行为负责，当孩子做出某项决定或承诺的时候，告诉他要对此决定的后果负责。不管结果怎么样，都不可以逃避，要让孩子承担责任，而不能代劳，这样的孩子才有可能成长为一个有责任感、遇到问题不逃避的人。

下面是一个孩子讲述的真实故事，希望父母可以从中得到一些启示。

当我上六年级的时候，我身边的同龄人都已经有了生活自理的能力了，然而我却一直在父母的溺爱下，衣来伸手，饭来张口，就连上学放学也得父母接送。我一直以为自己生活在幸福中，直到有一次与同学发生了口角。同学当众羞辱我："这么大了，居然自己不会梳头，不敢自己回家，上学还要你爸爸接送呢，真是没用！"由于我一直生活在父母宠爱的羽翼下，我养成了腼腆、胆小、不善表达和与人交流的内向性格。这样一来，我不知道怎样面对突如其来的打击，只是哭着拿起书包跑出了学校。

大学毕业后，我瞄准了一家用人单位，硬着头皮跑到招聘台前求职。一位主管拿出我的对口专业试题让我做，对于我这个成绩向来优秀的学生来说，做这个试题自然不在话下。当我把那份卷子拿给主管看的时候，他十分满意地点了点头，然后问我："请问，你对这项工作有什么认识？你打算如何做这项工作？你以后的工作目标是什么？"眼前这个陌生的脸孔以及这些我从未想过的问题，让我害怕极了。我涨红了脸，不知道从何答起。那位主管看到我的窘态，抱歉地对我说："是这样的，你的专业知识水平很好，然而我们单位需要的工作人员是专业能力和其他能力兼备的复合型人才。你目前似乎还缺少对工作的见解，所以我们不能录用。"听到这些话，我一下子心灰意冷了。

爸爸妈妈，女儿想对你们说："既然你们知道人生之路必须得自己走，如果你们真的爱女儿，为什么不让我早点自立呢？现在我失败了，这是我的错吗？"

在现实生活中，我们常常可以看到"高分低能"的大学生。这是为什么呢？是孩子的错，还是家长的错？其实家庭教育在孩子的一生中起着至关重要的作用。作为父母，每个人都希望自己的孩子能够健康茁壮地长大成人。家长不仅要传授孩子知识，还要教会孩子如何应对日趋激烈的社会竞争。

斯特娜夫人曾经说过，教育孩子不仅要发展他们的智力，更要注重培养他们的能力。由此说来，孩子不单单是为了学习而生，也是为了适应社会而生。如果一个孩子没有适应社会的能力，那么他以后的路怎么走？为了孩子的未来，家长最好适时地对孩子放手，让孩子自己走。

现如今，大多数的父母并不真正明白怎样才是正确地爱孩子，更不懂得"爱"与"害"的辩证关系，只是一味地对孩子娇生惯养，所有事情家长全包，让孩子失去自理的能力以及适应社会的能力。结果，孩子变成了一个只会学习的"机器"，没有创新意识，没有动手能力，养成了遇事就退缩的习惯，这等于在无形中毁了孩子的大好前程，让孩子成了"温室里的花朵"。这种爱只是一种本能的爱，家长不应该采取这种缺乏理性的爱孩子的方法，而应放手让孩子大胆地走向前方，这才是孩子需要的真正的爱。

现在，用人单位看重的是员工有没有良好的综合素质，所以对子孩子来说，成才的关键是是否具备良好的综合素质。那么综合素质的真正含义是什么？是指人应该从多方面发展。然而，一些家长对"综合素质"的理解仅限表面。他们认为"综合"就是综合平均，也就是齐头并进。事实并非如此，"综合"与"单一"是辩证统一的，换句话说就是：注重发展个人的某一方面，同时也要发展其他的各个方面。如果仅仅追求个性，定是一种畸形发展；而缺乏创新意识，即使在其他方面全面发展，孩子也必然成为一个平庸之辈。特别是在社会高度发展的今天，对于家长来说，从更多角度、更深层次地理解"综合素质"的含义，引领孩子健康地成长，是社会发展的需要，也是孩子成功的一个重要条件。

如果从小不加管束，孩子养成懒散无羁的习性，长大了再去改则会非常困难。所以说提高综合素质必须从小开始，从自律着眼，从小处着手，这样孩子长大后才能具备文明礼貌、尊重别人的好品质。

对于孩子来说，在成长过程中真正起作用的是综合素质，所以家长应该重视对孩子良好品行的教育，小到餐桌礼仪，大到吃苦耐劳、尊老爱幼等，而不是将孩子打造为学习的工具。

孩子做完功课或是在假期时，家长可以给孩子适当安排一些家务劳动，培养孩子的动手能力。对于一些力所能及的事情，最好让孩子自己亲手做。如培养孩子自己收拾东西的习惯，教会孩子每天自己整理书包、文具，带齐学习用品。这个过程中家长要在旁多指点，可先做示范，手把手地教，再让他重复做一做，使孩子逐渐不再依赖父母。

今天下雨，芳芳又忘了带伞，淋得像只落汤鸡，心情糟糕透了。一到家，她便气呼呼地把被雨水淋湿了的书包、衣服、鞋子都丢在了沙发上。妈妈没好气地对她说："怎么了，是你自己犯的错，还要怪别人？早晨你走的时候，爷爷好心好意地给你把伞放在了门口，你偏不拿。你快点把自己的湿衣服洗出来。"

妈妈这样做，就是想让孩子明白，做事马虎、丢三落四不是一个好习惯。然而，这个时候爷爷听到了妈妈在教育孩子，急忙跑出来，站在孩子一边说："不要这样训孩子，也有我的错，要是我到外面去看看，提醒孩子拿伞的话，也不会把芳芳淋湿。"芳芳一听，便坐在地上理所当然地流出了委屈的泪水。妈妈急忙说："爸爸，这哪是您的错呀，摆明了就是孩子自己的事，这得她自己负责才行。"

妈妈把话音一转，对芳芳说："自己的事自己办，把自己淋湿的衣服和鞋子洗出来。"正在这时，奶奶也过来了，拉着芳芳的小手，十分爱怜地看着孩子说："孩子都淋成这样了，就不要训孩子了，她可是你亲生的呀，怎么可以这样对孩子啊？就算是别人家的孩子，你也不能这样对待吧！"

听了这话，妈妈不知如何是好。正在这时，奶奶一个人把芳芳的湿衣服抱到了洗手间，说："孩子的衣服，一会儿我洗。"然后把芳芳拉到了自己的房间。

这样一来，孩子不仅没有改掉丢三落四的坏习惯，反而养成了推卸责任的坏毛病。时间长了，芳芳的坏习惯越来越多。

祖母式的溺爱，会让孩子养成许多不良习惯。在生活中，孩子的身边有爷爷奶奶照顾自然是再好不过的事了，然而作为孩子的父母，有没有想过，如果孩子总是处在这样的环境下，会是什么样的结果呢？

由于年龄和生活经历的差异，祖父母和父母对待孩子的希望、要求、认识、情感也常常是不相同的。祖父辈对孩子的教育很容易走上两极：第一，大多数的祖父母习惯于把孩子同自己小时候或同子女小时候比，觉得今天的独生子女们"不成体统"；二是，一部分老人由于退休生活的孤独感，会把情感完全转移到孙辈身上，对孩子过分迁就娇惯。这种情况都容易同父辈在教育孩子时形成不一致的态度。

而上述案例中的这位奶奶，就是出于疼爱孙女，不但不让妈妈训孩子，反而还要帮着孩子做事。如果总是这样的话，孩子不仅认为父母没有权威，反而会养成各种坏习惯，对孩子的身心发展没有一点好处。

因此，作为一名合格的家长，在生活中一定要处理好祖母式的溺爱，要让祖母爱孩子，也要爱得有方法。

如果孩子的爷爷、奶奶或是外公、外婆对孩子倍加呵护，那你千万不可当着他们的面大声训斥孩子。因为如果在他们面前进行的话，必定受到他们的阻拦，教育效果适得其反。

如果父母确实没有时间照顾自己的孩子，需要祖辈来帮助时，也不要忽略抽时间多与孩子交流一番，关心和了解孩子的思想、学习情况，而不要把孩子推给老人就不闻不问了。最好的办法是，与孩子进行沟通时，如果发现孩子心理上有问题，家长应该给予必要的指导与批评，不要训斥孩子。

时代在发展，人们的观念也在不断更新，隔代教育孩子的观念与方法也有一定的差距。因此，在与孩子沟通的同时，也需要学会与祖辈沟通。与祖辈沟通的过程中，家长可以把一些新的、正确的教育观念传达给老人，把发现的问题提示给老人，以便把孩子教育得更好。需要注意的是，与老人沟通时，一定要心平气和，切不可因此伤害老人的感情。

孩子适当依赖父母是成长的必需，但如果事事依赖，时时依赖，丧失了进取的积极性，过着"衣来伸手，饭来张口"的生活，那么，他长大后必然是一个不依赖别人便不能生存的人。

《周易》中说："天行健，君子以自强不息。"自强就是奋发向上，锐意进取，对美好的未来无限憧憬和不懈追求。自强者的精神之所以可贵，就是因为他依靠的是自己的顽强拼搏而非其他人的荫庇提携，就是因为他要甩开别人的挟携，自己的路自己走，做真正的自己。

有依赖心理的人遇事首先追随别人，求助别人，人云亦云，没有主见，没有自恃之心，不敢相信自己，不断自行决断。这些人在家中依赖父母、爱人，在学校依赖老师、同学，在单位依赖同事；不敢自己创造，即使有这个能力；不敢表现自己，即使他想要表现；害怕独立，他的人格不成熟，不健全，仍然停留在童稚阶段。

有依赖心理的人，不能独立地完成任何事，更无从谈起来操纵和把握自己的命运。他的命运只能被别人操纵，只有在他具有利用价值时，人家才会利用他。一旦他的利用价值没有了，那么他只有被抛弃的命运。人世间最可依赖的不是父母、兄弟，不是亲戚、朋友，不是情人、伴侣，不是金钱、地位，不是上帝，不是外界的一切。世间最可依赖的是自己，是自恃自助的能力。"自恃是比朋友、金钱、势力以及各种外界的援助可靠得多的东西。它能够排除阻碍，克服困难，它能使各种冒险及发明获得成功，比什么东西都更多。"爱默生如是说。

我们必须克服依赖心理，克服各种困难，并在克服困难的过程中取得进步，只有经过这种由忧而喜，不断自强自立的生活，才能品到生命的意义和充满活力的人生。

有依赖心理的人是一个可怜的人，他做事四处碰壁，不被信任，不受欢迎，遭人鄙视。

要摆脱依赖心理，可从以下几个方面入手：

（1）要充分认识到依赖心理的危害。要纠正平时养成的习惯，提高自己的动手能力，多向独立性强的同学学习，不要什么事情都指望别人，遇到问题要做出属于自己的选择和判断，加强自主性和创造性。学会独立地思考问题。独立的人格要求独立的思维能力。

（2）你应该与你觉得在心理上依赖的人谈一谈，宣布你要独立的目标，解释你出于义务做事时的感受。这是起步的最佳方法，因为别人甚至可能不知道，你身边依赖者的感受。

（3）丰富自己的生活内容，培养独立的生活能力。无论在学校，在家里，在单位都主动要求任务，以增强主人翁的意识。使我们有机会去面对问题，能够独立地拿主意，想办法，增强自己独立的信心。主动承担家务，从简单的做起，逐渐培养独立生活能力。在学习或工作期间，除了做好学习或工作任务外，要多参加集体活动，学会去帮助他人。

（4）你应该提醒自己，父母、配偶、朋友、老板、孩子及其他人常会不赞同你的行为，这与你是什么样的人无关。无论在什么情况下，你总会遭到一些反对，如果你有心理准备，就不会因此感到挫折。这样就能破除许多在情绪上操纵你的依赖关系。

（5）你应该认清你有隐私和欲望，不必凡事都要某人参与，你是独立而且有隐私权的。若你觉得凡事必须有某人参与，你就无从选择，当然你就是一个依赖者。

（6）多向独立性强的人学习。多与独立性较强的人交往，观察他们是如何独立处理自己的一些问题的，向他们学习。他人良好的榜样作用可以激发我们的独立意识，改掉依赖这一不良性格。

独立性格是成功者的必备条件。

一个人活在世上，既不能像春天的蚯蚓、秋天的蛇一样的软骨头，也不能像风雨中的落花柳絮，找不到根基，而是要自立自强。

自立自强是打开成功之门的钥匙，也是力量的源泉。力量是每一个志存高远者的目标，而模仿和依靠他人只会导致懦弱与屈服。力量是自发的，不依赖他人。坐在健身房里让别人替我们练习，我们是无法增强自己肌肉的力量的。没有什么比依靠他人的习惯更能破坏独立自主的能力。如果你依靠他人，你将永远坚强不起来，也不会有独创力。

做人，要么独立自主，要么埋葬雄心壮志，一辈子老老实实做个普通人。

当然，个人独立并不代表真正的成功，圆满的人生还必须追求一种更加成功的人际关系。不过，人与人的相互依赖的关系必须以个人的真正独立为先决条件。要实现心理独立，就要摆脱心理上的依赖感，这意味着根据自己的愿望独立生活，当然不是说断绝社会交往。在这个世界上每个人都应该独立生活，同时，每个人都应该与社会与他人建立一个关系，例如，朋友、同学、同事。因为有时候他人的帮忙是必不可少的。人与人之间的相互依赖关系的本身并不是一种问题，而是附带的"义务"。会使人产生内疚感和依赖感，而选择则会使人得到友爱及独立性。在人与人的关系中，只要存在着心理上的依赖性，跟随他的只有怨恨和痛苦，而不是选择。

家庭是我们一切的开始，心理上的依赖大多是由于父母的溺爱引起的，要求独立生活应先从独立于父母开始。这种独立可以从一点一滴的小事开始，例如，学会做家务，包括以朋友的心态与父母沟通，取得他们的信任和理解。

如果做父母的珍惜自尊和自我价值，那么孩子们也可以在平静、愉快的气氛中离开家庭独立生活。

有人曾经做过绝妙的概括："母亲的责任不是使孩子依附于她，而是使孩子独立于她。

正是如此。你或者坦然地离开家庭去独立生活，或者心怀内疚地离开家庭，并永远对此感到不安。如果你在孩提时期就已建立起根深蒂固的依赖心理，走上社会之后，很可能会以一种新的依赖关系取代你与父母的依赖关系。例如，同学、同事、夫妻，依赖依然存在。

> 溺爱，是一种失去理智、直接摧残儿童身心健康的爱。当今做父母的大都知道溺爱有害，但却分不清什么是溺爱，更不了解自己家里有没有溺爱。
>
> ——搜狐网友花开无声

羞辱与惩罚让孩子更自卑

> 千万不要认为，我们能够通过贬损或羞辱来真正改变孩子的行为，即使有时我们能看到，有些孩子会由于害怕被耻笑而似乎改变了他们的行为。
>
> ——阿德勒《儿童的人格教育》

"爱之深，责之切"，但是责之深，却可能毁了孩子的一生。

与打骂不同的是，羞辱和责骂更容易伤害孩子的内心。"良言一句三冬暖，恶语伤人六月寒。"生动地说明了羞辱和责骂的危害。对于孩子来说，语言暴力甚至比肢体暴力更令他们受伤。

孩子们缺乏生活经验，往往不明白父母说话的真实用意，也不懂得如何结合父母平时的行为来判断父母内心的想法，因此他们简单地从父母的话语中，得出父母对自己的评价，认为自己不受父母喜爱，一无是处，从而丧失自信心，不敢与父母进行交流。而当他们从他人那里获得赞赏与鼓励时，他们又会反过来怨恨父母的苛刻与指责，从而不相信父母，逐渐疏远父母。

还有一些父母随意羞辱和责骂孩子，却美其名曰"激将法"。但他们却不知道，孩子远远无法理解父母这种用心颇深的"激将法"。如果这种方法真的有效了，孩子不会认为是父母"激将法"的作用，而会更加怨恨父母的尖酸刻薄，从而使得亲子关系日渐疏远，这不利于孩子人格的健全发展。

什么样的教育，就会有什么样的孩子。随意羞辱与责骂孩子，是不尊重孩子的表现，只会造就人格扭曲的少年和青年，因此，父母必须抛弃这种非常粗鲁和不当的教育方式。

"爱之深，责之切"，当面临孩子的不良表现时，父母都难掩失望之情，因此容易情绪失控。而情绪失控会使人做出错误的行为，因此，面临孩子不良表现时，父母一定要冷静。

例如，孩子闯祸了，父母十分气愤，此时可以借口离开，等自己情绪冷静下来后再与孩子谈论这件事情。父母一定不要在气头上教育孩子，这样难免会说出羞辱刻薄的话语，既伤害了孩子，又达不到教育的目的。

有些时候，父母没能控制好自己的情绪，或者无意说出羞辱和责骂孩子的话后，一定要及时道歉，请求孩子的原谅，以减少和消除由此带来的不良后果。

海燕是家中的独生女，聪明漂亮，令人疼爱。但是，父母突然发现，刚上初二的海燕居然谈起了恋爱，这让平时冷静的爸爸恼羞成怒。被父母一番言词激烈的羞辱之后，海燕离家出走了。

爸爸冷静下来后，意识到自己有些过激，说的话伤害了孩子。他立即主动地联系海燕的老师和同学。找到孩子后，爸爸真诚地向女儿道歉，请求她不要计较爸爸那些"难听"话。刚开始，海燕根本不理睬爸爸，但爸爸的诚意最后打动了她，海燕终于主动与爸爸和好，并且与那个男孩分手了。

当父母的言语过于激烈，说了羞辱孩子、伤害孩子人格的话后，一定不要装作若无其事，因为孩子心里的伤口会一直在流血，需要疗伤和治愈，因此父母应该主动找到孩子，真诚地向孩子道歉，请求孩子的原谅，才能让事情有一个比较理想的结果。

被父母羞辱后，孩子会觉得十分受伤和无助，但是许多父母却没有意识到这一点，从而不能很好地反思自己的行为，难以纠正错误的家教方式。

曼妮数学成绩不太好，为了得到表扬，她与同桌签订了"考试互助协议"。后来事情败露，曼妮的妈妈当时就责骂她："你真是不争气啊，做这么丢人的事情！我都替你感到丢人。"曼妮的泪水夺眶而出，从此拒绝与父母说话。

晚上，曼妮的妈妈坐在书桌前，闭着眼睛设想着自己是曼妮，意识到自己的话多么伤害女儿的自尊心。她流泪了，既为自己说出的那些话而懊悔，也为女儿感到心疼。她真诚地向女儿道了歉。从那以后，她再也没有说过羞辱孩子的话了。

业余时间里，父母可以静静地坐在书房或者在公园某个安静的角落里，设想一下如果自己是孩子，受到父母的责备与辱骂后，会产生什么样的心理体会，从而意识到自己错误的行为，及时地改正过来。

有些父母故意运用"羞辱"等方法来激怒孩子，而促使孩子奋发图强。这种方法要有非常高超的技巧和把握度，才能达到预期的效果，稍有不慎，就会既达不到目的，而且伤害了孩子，所以，要谨慎使用这种方法来教育孩子。

因此，父母不要迷信有些名人故事中采用的"激将法"，因为孩子与那些人所处的时代背景不一样，父母本身的知识层次、人格魅力等不尽相同，即使运用相同的方法，也不一定能带来好的效果，反而可能伤害亲子感情，造成两代人情感的淡漠。

批评教育与羞辱责骂的区别在哪里？如果父母在教育时使用了伤害孩子自尊的话时，那么批评就变性成了羞辱。

陈绍南作文总是写不好，令老师和父母头疼极了。为了让自己的作文分数好看一点，他开始抄袭。妈妈知道后，与他进行了一次交谈："抄袭对不对？"绍南摇摇头。由于绍南一直一言不发，妈妈有点不耐烦地说了一句："抄袭的人，素质极其低下，你知道不知道？"话音刚落，绍南起身就回到自己房间，"砰"的一声将自己的房门关上了。

父母在教育孩子时，应该"对事不对人"，不要对孩子进行人身攻击。孩子抄袭，父母可以批评抄袭这种行为，但是不应该对孩子进行人身攻击，说孩子"素质低下"，这就是伤害孩子自尊和人格的言语。

陶陶是个很懂事、很听话的孩子，他特别爱学习，求上进，也总是对自己要求比较严格。可陶陶有个不好的毛病，就是胆怯，缺乏信心，容易紧张。在考试的时候，他总会因为紧张而考得不好，有时甚至自己明明会做的题目，一紧张，就算错了。妈妈没少鼓励他，让他不要紧张，放松精神来考试。

前不久的期中考试结束，陶陶又有一道数学题答错了，而这种题型平时是做过的。到了公布考试成绩的那天，陶陶有些伤心地拿着成绩单和试卷回家了。

到了家里，陶陶不敢对妈妈说自己考试的情况，可妈妈一把就把试卷夺了过来，看了一遍成绩和考题后，觉得陶陶的成绩很低，而且试卷中有好几道题目是不应该答错的。

"这么简单的题目也会算错？你还能干什么呀！""平时我说过你多少遍了，要放松，要自信，要认真答题，可是你，你就是听不进去，这题目难吗？你说说哪里难，竟然犯这么幼稚的错误？"妈妈暴风雨般的唠叨开始了……

陶陶真的受不了了，"我是什么也做不了！"他一赌气，摔门而去，任妈妈喊也不回头，他想反正自己连这么简单的题目都做错了，即使再用功学习又有什么用……

孩子在考试成绩不理想，本应该算对反而算错的情况下，心情自然是不好的。他回到家中，同家长讲起自己的事情，是希望父母理解和鼓励自己，得到安慰。而父母此时要做的，不应是挖苦、嘲笑孩子，即使你希望用刺激的话来激发孩子的勇气和斗志，使他振作起来，也很可能会导致不良的后果。

王阿姨把自己生活中一次买菜的经历，当做算数题来考女儿小惠。就是多少钱买一斤菜，然后几斤几两要花多少钱的那种题目，其实难度不大，只需要经过两次单位换算就可以了。小惠认真细心地算了起来，过了好长时间，才对妈妈说出了自己的答案。王阿姨一听，生气地说："错了，错了，正确答案是××，你怎么连这么简单的题都算错了？就那么几个数字，都弄不明白，你还能干什么？"

在妈妈的训斥下，小惠不仅做什么事情信心全无，而且对妈妈的训斥和讽刺耿耿于怀，并产生了抵制厌烦的心理。从此不仅学习越来越差，而且在家里话也越来越少。小惠不跟妈妈说话了，而且出现了抵制、唱反调的行为。妈妈这才认识到，问题有些严重了。

什么样的题目简单，什么样的题目不简单，都是相对而言的，并非都以大人的眼光和判断为标准。孩子的学识、经验毕竟有限，能力不足是正常的，家长不能因为孩子某一个题目答错了，就贬低孩子，责骂孩子。家长说这样的话，会伤害孩子的自尊心和自信心，不但不能激励孩子，反而会让他们失去对学习的兴趣和信心。

欣怡的爸爸是个大忙人，由于工作原因，经常需要到外地跑，一个月不见回家两次。家里就只剩下欣怡和妈妈两个人。爸爸是那种十分威严的人，欣怡既爱自己的爸爸，又怕他。

妈妈倒是无所谓，即使妈妈生气，也不会对自己怎么样，顶多是多说两句。可爸爸不同，要是欣怡学习成绩好，在家里听话，爸爸就会给欣怡买礼物，夸奖她；可要是欣怡学习成绩不理想，在家里或者学习上惹了事情，爸爸回来就一定会严厉地惩罚她。

这天，爸爸出差又没有回来。欣怡在客厅里写作业，楼下的同班同学毛毛找到她，要同她一起玩布娃娃，欣怡学习的心思顿时一扫而光，贪玩劲头一上来，就不顾作业没有写完，和同学玩了起来。

妈妈见到欣怡放下作业玩布娃娃，便说："怎么，你爸爸不在家，你就造反了？"

欣怡说："好妈妈，让我玩一会儿吧，我待会再写作业。"过了一会儿，妈妈见欣怡还在玩，又说："别玩了，乖闺女，快点写作业去。"欣怡答应了一声，仍然没有行动。

妈妈到厨房里打扫整理去了，等把家务做好出来时，发现欣怡不玩布娃娃了，改成了看电视，而桌子上的作业还是没有完成。这回妈妈可是真生气了："布娃娃不玩了，你又看电视？我要说多少遍你才听啊，快点写作业去。"欣怡懒懒地对妈妈说："好妈妈，就再让我看会儿吧，就一会儿，我一定去写作业。"

妈妈疾言厉色地对欣怡说："你看我拿你没办法是吗？你就不听话，不好好学习，看你爸爸回来后怎么收拾你！"妈妈气呼呼地进厨房做饭去了，欣怡朝妈妈的背影努了努嘴，继续看她的电视。

妈妈这样说话，把教育子女的责任推给爸爸，不仅放弃了自己的责任，而且也会降低自己的权威，给孩子造成"妈妈没有什么了不起"的印象。如果孩子心里产生了不用怕妈妈，只有爸爸才需要畏惧的想法，久而久之，母亲在孩子面前就威信扫地，无法管教孩子了。

小文的爸爸外出打工，半年才回家一次。妈妈同小文、爷爷奶奶在家里。爷爷奶奶的疼爱把小文宠坏了，所以小文学习也不用心。在小文不好好学习的时候，妈妈总会拿爸爸来吓唬小文："你要是不好好学习，不听话，我就告诉你爸爸，看他回来怎么收拾你。"小文起初很担心，可妈妈说过许多次，都没见爸爸回来，他开始不怕了，也不相信妈妈能把自己怎么样，于是在家里更加肆无忌惮。

这次，小文又没有按时交作业，妈妈生气地告诉小文："爸爸明天就回来了，你等着挨收拾吧！"

可是等爸爸回家时，妈妈的气都消了。惩罚的势头早已过去，妈妈甚至完全忘了跟爸爸说起小文不好好学习、不听话的事情。爸爸和小文由于长时间没有见面，父子二人见到后就亲热得不得了。爸爸爱自己还来不及，哪里会舍得收拾自己呢？小文偷偷地高兴：自己又胜利了。结果，妈妈的话在小文心目中没有了分量，小文从而也变成一个"软的欺负硬的怕"的人。

于是，在爸爸走了之后，小文又开始不听话、不好好学习了，妈妈又在说："等你爸爸回来……"

实际上，不用心学习的孩子在听到妈妈的警告后，不可能去静心悔过，而是一面陷入对爸爸的恐惧中，一面猜想着爸爸回来后会给予自己什么样的惩罚，他通常会考虑对付爸爸的办法。此外，孩子还会心存侥幸心理，想如果爸爸不知道、爸爸舍不得处罚自己，他便怨恨妈妈的"告密"行为。

久而久之，孩子甚至会变得善于伪装和作秀给爸爸看，爸爸在家时老老实实，爸爸一走就肆无忌惮。

妈妈出去买东西回来，已经是下午5点了，"双双怎么还没回来？都到了放学时间了。"她觉得有些奇怪。正想给双双的姥姥家、爷爷家分别打个电话问一声双双有没有去他们那，双双的小姑，也是双双那个学校的一位老师来电话了。她对双双的妈妈说自己的一位同事，也就是双双的语文老师告诉她说双双没有去学校上课，问双双的妈妈是怎么回事，双双是否是生病了。

双双的妈妈这下可着急了，难道双双从早上出去，就一直没有去学校？哎呀，这一整天，双双会去哪里呢？她千万别遇到坏人或者出什么闪失！

妈妈赶紧给自己的亲戚朋友和双双的同学家打电话，询问双双有没有去他们那里，是否和他们有联系，可他们都说没有。这时，接到消息的爸爸也赶了回来，问双双妈妈到底是怎么回事。

妈妈也有些莫名其妙，当她同爸爸走进双双的卧室时，发现桌子上有一封信，上面写着"爸爸妈妈收"。他们一看笔迹就知道是双双的，就赶紧拆开来看。只见上面写道：

爸爸妈妈：

　　原谅我的不辞而别，我知道自己的学习成绩不好，给你们丢脸了，可是我也努力了呀。既然妈妈说我学习不好就别学了，还不如出去要饭，我就做一回乖女儿，听你们的话，不上学了。我出去要饭去了，从今以后，你们不用管我了，也不用再为我考试考得不好而伤心了……

爸爸妈妈相互看了一眼，又恨又气又急躁的妈妈一下子坐在床头哭泣起来："孩子啊，都是妈妈的错，妈妈不该骂你让你去要饭。妈妈说的是气话啊，你怎么当真了？你在哪啊？快回来吧！"

父母希望孩子学习好，考个好成绩，可是不能因为孩子某一时期的成绩不好就对孩子失望，甚至辱骂孩子"去要饭"。这样说话，很伤孩子的感情，让孩子觉得自己没用，学习不学习都无所谓，反正将来也只配做个要饭的，还不如现在就去要饭，省得挨同学的嘲笑、老师的白眼、父母的责骂。

子岩的学习成绩一直不理想，妈妈没少数落他。可他也不知道怎么回事，就是记不住，一学就忘，一考就砸，在班里的排名也在倒数10名之列。父母为此大伤脑筋，补习班也上了，家教也请了，找老师开小灶也找了，期末考试一看子岩的成绩单，依然是倒数10名之内。

妈妈看看成绩单，真的发火了："你看你，怎么这么没长进？老是在倒数10名之内待着？你说说你，我们为了让你提高学习成绩，花费了多大的精力和金钱，你考这样的成绩，对得起我们吗？这种成绩，要想考重点大学，根本不可能。"

子岩低头小声回答说："我也用心学了。考不上重点大学，我可以读中专，学一门技术什么的啊？"

妈妈听完这话，更加怒不可遏："什么？读中专，学技术？你看看现在竞争有多激烈，研究生毕业，出国回来的人都有找不到工作的！依你现在的这个成绩，我看以后去要饭算了……"

父母恨铁不成钢，希望孩子学习成绩好些是可以理解的，但是每个孩子有自己的具体情况，有些孩子有自己的专长，却最不会考试。这个时候，父母要善于发现孩子的专长和爱好，而不是一味地追求高分。

当孩子成绩与家长期望的结果差距过大时，也不要剥夺孩子学习的权利，甚至骂孩子"去要饭"。帮助孩子找到问题的根源，在使孩子学习成绩得到提高的同时，培养孩子良好的心理和健康的素质也同样重要。

在唐山一小区附近的一条街上，有一对以捡垃圾为生的老两口。他们有一个三岁多的小女孩，每当他们在路边的垃圾桶里翻找时，已是夜半时分，那个小女孩就会在被窝里睡得香香的，这样日复一日。

又是一天夜里，老两口正在忙着他们的"工作"。这时，一位穿着新潮的小男孩同他的父亲路过，恰好看到这一情形，小男孩像发现了新大陆似的："爸爸，你快看！"小男孩的爸爸语重心长地点了点头："儿子，她是个小垃圾孩！"小男孩不太懂："爸爸，什么叫垃圾孩？"爸爸回答说："就是不好好学习的人！"小男孩若有所悟地点了点头："爸爸，你看那小孩多脏！"爸爸见教育孩子的机会来了，就对儿子说："宝贝，你要记住，一定要好好学习，更要听老师和大人的话，好好做作业，争取考个好成绩，不然长大了就去捡垃圾，还会同那些蹬三轮车的人一样累！"

回到家后，小男孩做了一个奇怪的梦。他梦见自己由于学习成绩不好，被爸爸强拉着去捡垃圾，他便大声呼喊着："妈妈，妈妈救我，我不去捡垃圾，不当垃圾孩，我一定好好读书！"

孩子从梦中惊醒过来，已经是一身的冷汗。第二天，小男孩带着几个自己的同学到了昨晚见到的捡垃圾的老人那儿，围在那个小女孩周围，谩骂和攻击道：

"你这个又脏又臭的垃圾孩，谁让你不好好学习的，真该打……"

人们说类似"考不上大学就去种地！""没文化就去捡垃圾！"这种话，无形中往孩子的脑海中灌输了"农村人就是考不上大学的人""捡垃圾的就是没文化和不好好学习的人"的错误思想，孩子从心底里便开始看不起种地的人和捡垃圾的人，这影响了孩子健康人格和心理的成长。

不知道是什么原因，思思这几天就是不想上学去，妈妈决定亲自"押送"她去。路上，经过一个书报摊，妈妈说只要思思去学校上学，就给思思买一本卡通书。妈妈掏钱给思思去买的时候，思思拉住妈妈，把钱往妈妈兜里塞，说："妈妈，我不买了，我今天不去上学。"

妈妈生气地跟思思说："不去上学，就不能学会认字，不能学会算数，更不能学会与人相处，你就是一个什么都不会的孩子，长大了就没有什么用！只能去捡垃圾了。"思思哭喊着说："我不去捡垃圾……"

在家长（尤其是城市里的父母）看来，捡垃圾是一种耻辱，因此可以通过强化这种耻辱来教育孩子，达到激发孩子努力学习的目的。殊不知这样说，只能给孩子造成错觉，认为凡是捡垃圾的，都是不好好学习的人，自己万一哪天成绩不好了，妈妈也会让自己去捡垃圾。因而一方面歧视捡垃圾的人，一方面又极度紧张和恐惧，生怕自己会出什么错。

但是，在现实中也有能够依靠捡垃圾帮助家庭分担忧愁、解决学费问题的有志气的孩子，他们不靠父母，不靠银行的贷款，也不用社会的捐资。而是快乐自信地靠自己的双手赚钱，这无疑是一种光荣，一种做人的精神。

小丽是一个马上就要初中毕业的学生，她妈妈这期间也很紧张，因为初三是关键的一年，小丽能否考上理想的重点高中，将会影响她将来能否上一个好的大学。

由于学习紧张，压力大，爸爸妈妈也总是在她耳边唠叨：要好好学习，要上重点高中，将来……本来小丽的成绩还可以，可是这个学期上半学期的成绩却不太理想。

小丽在初一、初二的时候，可是班里的前三名啊。妈妈的脸色开始难看了。

看着一般的成绩和排名，小丽决心再努力一把，把自己的成绩提上去。她抓紧时间，努力学习，在学校多向老师同学请教，在家里也是废寝忘食地看书，写作业。到了下半学期，考试结果一公布，小丽依然是在班里的中等名次徘徊。小丽心里着急，也不知道是方法不对，还是压力过大，或是自己真的能力偏低。可是爸爸妈妈对她失望了，这失望渐渐转变为唠叨和责怪："我们舍不得吃，舍不得穿，钱都用在你身上，你怎么就不争气？""总是考这么差的分数，我看那还是脑子笨，笨蛋一个……"听到这些，小丽也偷偷难过。

这天是星期日，妈妈的同事许阿姨过来串门，小丽也出来同许阿姨打了个招呼。刚想回自己的房间，许阿姨就同小丽谈起了学习上的事情，问她考试如何，成绩怎么样。小丽吞吞吐吐，很不好意思。妈妈抢过话来说："她许阿姨啊，不怕你笑话，我这孩子，真是不争气啊，考试排名，总是在中等徘徊，这怎么能上重点啊？""不会吧，小丽这孩子不是挺机灵的吗，学习又用心？""机灵，她要是机灵，能考这么差的成绩？"爸爸插嘴说。妈妈这个时候一脸怨气地看着小丽说："你呀你呀，真不让我省心，你说我怎么会生出你这么个笨蛋？"

站在一旁的小丽再也受不了了，她哭泣着飞奔到自己的房间里，"嘭"地关上了门。妈妈的气还没有消，"你看这孩子，没大没小的，我就说她两句……"

到晚上吃饭的时候，妈妈发现小丽没有出来吃饭，敲门她也没有答应，妈妈想她可能是不想吃饭，就没有再过问。到晚上要睡觉了，妈妈也没有见小丽出来。听了听，也没有什么声音，爸爸担心出什么事情，赶紧撞开了房门，只见小丽躺在了床上，从手臂上流出的鲜血已经将被子浸透了。妈妈尖叫一声，扑了过去，爸爸赶忙拨打急救电话……

当孩子成绩不好的时候，冷嘲热讽不是激励教育孩子的好方法，相反是打击孩子自信心、自尊心的危险行为。

人都是有自尊心的，孩子更是如此。故事中的小丽其实是一个上进心强、自尊好学的孩子，她也希望自己能够通过努力提高成绩，能取得好的名次。可是，考试成绩的好坏是个偶然的结果，它有许多的不确定因素在里面。而且，学习成绩的高低，并不能说明一个人是聪明还是笨。小丽的父母因为小丽考试成绩不理想，经常责怪、挖苦小丽，导致小丽的自信心丧失，自尊心受到打击，最终变得非常自卑，精神崩溃，走上了自杀的道路。这一悲剧是由小丽父母错误的教育方法造成的，是他们不断地灌输（尽管是无心的）给小丽"笨"这一概念导致的。

（一）

这天是星期四，黄大海刚到单位上班，就接到儿子班主任李老师的电话，李老师说："黄大海，我是李老师，您出差回来了？能抽空到学校来一趟吗？"黄大海一听，愣了，说："出差？我一直都在重庆啊，谁说我出差了？"李老师顿了顿，说："那可能是我误会了吧。反正你有时间来学校一趟吧，黄明明期中考试成绩不太理想，并且还有些问题我想和您谈谈。"黄大海说："好的，李老师，我明天抽空来学校一趟，来之前给您打电话。"放下电话，黄大海心里就已经明白是怎么回事儿了。

黄明明放学一进家门，就看见爸爸横眉立目地坐在客厅里，他马上就像老鼠见了猫一样，放下书包，站到爸爸面前。黄大海呼呼喘着气盯着低头而立的儿子，一巴掌拍在他的额头上，大声说："你干的好事！你知道爸爸为什么生气吗？"黄明明瞟了爸爸一眼，用几乎听不到的声音说："知道。"黄大海又拍了一巴掌，说："知道？知道你还撒谎！我问你期中考试的成绩，你说还没有公布，那边你又告诉老师我出差了！你也知道没考好没脸见我呀，那早干吗去了？你有长进呀，还学会撒谎了！说吧，期中考试成绩不好怎么处罚你？撒谎又怎么处罚你？"

在爸爸又训斥又拍打之中，黄明明慢慢抬起头，转而摆出一副满不在乎的模样，说道："您看着办吧。反正我没考好，挨训、受罚是免不了的，您上次也打过我，我也知道躲不过去，这样只不过是晚挨几天。"然后，他歪着脑袋，梗着脖子，"大义凛然"地看着爸爸。

（二）

15岁的初中生小金，在班级里可以算是最不起眼的那种人。学习成绩不算很好，但也不是最后几名；朋友不多，平时话也不多。不过，他与同学们倒也能和睦相处，老师对他基本上说不出特别的印象。除了班主任，其他的任课老师有的还叫不出他的名字。他的家庭条件应该算不错，父亲是海员，常年在外出海，一回来总会给他带些好东西。母亲是仓库管理员，对他的要求还算严格，就是脾气不好，动不动就拿扫帚教育孩子。自从父亲给他带回来一台高档游戏机之后，他就对玩游戏产生了兴趣。先是在家里玩，玩多了母亲要骂，便在外面玩，但不久，零花钱用光了，他就偷了家里的钱去玩。母亲发觉后，暴跳如雷，火冒三丈，拿起身边的棒子就打起来。这时候，他再也无法忍受这种打骂，就像游戏中的主人公要反抗一样，竟然冲上前去，将母亲活活勒死……

打不是解决问题的办法，骂也是一种无能的表现，但好多父母还是免不了打骂教育，这样的父母确实应该反思一下自己的行为。邓颖超说："打骂孩子，使孩子一时表面服从，心里反感，甚至也学着对待别人。用这种办法，不但不能把孩子教育好，反而会损伤孩子的自尊心，养成自卑、胆小、孤独、撒谎等不正常的性格。"在孩子成长的过程中，许多父母只会注重他们看到的孩子的表现，却没有真正了解孩子的内心。看到孩子在学习就感到高兴、欣慰，就把孩子夸奖一番；而一旦看到孩子没有学习，就不问三七二十一地教训一顿。这种做法太过武断，是孩子成长中的大忌。在"打骂教育"中，父母的功利、多变和喜怒无常，会使孩子觉得无所适从，不知道怎样才能让父母满意，情绪处于紧张、焦虑中，产生很大的心理压力，影响学习效果和心理健康。

在打骂教育中成长的孩子，有些时候会学会看父母的脸色行事，用弄虚作假的表面功夫作为讨好父母、得到父母表扬或满足物质需求的工具，这样下去，孩子就会变得虚伪、世故、投机取巧。另一方面，在打骂教育中成长的孩子，严重的还会形成暴力倾向，因为父母的打骂，耳濡目染间孩子就会形成以武力解决问题的定势思维，有些会形成怨恨，有朝一日会发泄到父母身上或者社会上，这些都是孩子成长中的不利因素。

父母应该全面、公正地评价自己的孩子，对孩子有一个正确的认识，以平和、客观的心态对待孩子。不要因为孩子一时的表现好或者成绩好，就认为他是个好孩子；因为孩子一时的失误、问题，就把孩子全盘否定，对孩子进行严厉的批评、教训。孩子生活在一个稳定、平和的家庭环境中，才有利于他身心的健康成长。

无论是表扬孩子还是批评孩子，都要就事论事，以客观的、既不夸大也不掩盖的态度来与孩子交换意见，并允许孩子阐述自己的理由和看法。这样，孩子就能够了解父母对自己的看法，并对自己有一个正确的认识，这对于孩子的继续进步和纠正孩子的一些问题，都是非常必要的。

如果发现孩子有弄虚作假、讨好父母的迹象，父母首先要检讨自己的言行是否给孩子传递了错误的概念和信息。父母不必训斥、指责孩子，以免孩子逆反、抵触，但要明确地告诉孩子，这样做是不对的。同时注意观察和了解孩子，不要让他得逞，以期改变孩子的错误做法。

小强的母亲对小强有着很高的期望，一心希望小强可以在班上成为尖子生，其他方面也要超过别人，于是把所有精力全放在了小强的身上。

妈妈辅导小强的时候，如果小强难以领会，就对母亲说："还是不明白。"妈妈就会非常生气，常常会大骂："我讲了这么多次了，你还听不懂啊！你是不是猪脑子啊？怎么这么笨啊？"小强自然不高兴，只是眨巴着眼睛不敢说话，越来越紧张，根本没有心思再做题了。

在生活上，即使小强经常帮母亲做家务，也很难讨到她的欢心。当他一不小心把刷碗水洒到地上时，妈妈会大声斥责他。

结果，小强越来越没有信心了，整天也不开心。

在生活中，父母天天想着"怎样教育出好孩子"，却很少想到"怎样做一个称职的父母"。他们对孩子寄予过高的期望，在学习上百般要求，生活上的小事也不放过。当孩子通过自身努力仍然达不到家长心目中的要求时，家长们便会说一些冷言冷语，以为可以刺激孩子的心灵，可以让孩子向前发展。

然而家长们万万没有想到的是，这样一来，孩子不仅没有向好的方向发展，反而越来越笨。要相信"世上没有愚蠢的孩子"，采用的教育方法要尽可能地符合孩子的天分以及个性，让孩子拥有多向思维，从而具备良好的综合素质。

在现实生活中，有很多智商高的人，但是他们的能力却未必有多强。在严格要求孩子的同时，切不可说一些对孩子成长不利的话，如果那样的话，只会打击到孩子的自尊心和自信心，其潜在能力的发展也将受到很大的阻碍。

对孩子"严格"要求并不等于对孩子态度生硬，甚至进行责骂、训斥。这样的家长根本没有真正地理解"严格"的含义，这种教育方法是失败的。如果真的为了孩子好，最好采取一些激励的办法或是赞赏的口吻去教育孩子。

孩子一不小心做错题，这很正常。可能是由于注意力不集中，或是其他什么原因。这个时候，父母千万不要训斥孩子，与其说一些口气生硬的话语，还不如说"我知道你已经尽力了，可能由于一时粗心，下次你一定会做对的！"这样一来，孩子就会知道，父母知道他正在努力地做功课，孩子也会因此更加小心，尽量不让自己出错。

> 小时候经常被羞辱的孩子，他们长大后可能就会反过来羞辱父母；结婚后，有了孩子，他们也有可能这样或那样地羞辱孩子，让他们的孩子和他们一样失去或得到相同的物质或心理压力。他们的后代也有可能会一代一代的把这种现象延续下去。
>
> ——网易网友普罗旺斯

合理协助规划孩子的人生

> 父母既不要用玫瑰色的色彩美化现实，也不需要用悲观的态度来描摹世界。他们唯一的职责是让孩子尽可能充分地为生活做好准备，使他们以后能够应付自己的生活。
>
> ——阿德勒《儿童的人格教育》

2003年6月25日《华西都市报》报道：

今年的高考成都市理科状元邹挺的经历堪称传奇：2000年，他以成都市理科第二名的优异成绩考取北京大学医学部。去年，渴望重新寻找"专业定位"的他毅然从北京大学退学，回到母校成都七中"补习"。今年6月，20出头的他再次走进高考考场。据了解，邹挺原来在北京大学医学部临床医学专业8年制"直博班"学习，并在班上担任班长一职。知情人透露，邹挺2000年应届高中毕业时，高考成绩仅次于他的同学——当年的四川省理科状元、成都七中才女叶欣。进北大后，由于所学专业并非自己的兴趣所在，邹挺为此十分苦恼，并萌发了重新参加高考、重新选择专业的念头。经过反复思考和权衡之后，邹挺告别北京大学，回到了母校成都七中，插班进入该校高三年级，与学弟学妹们一起备战高考。

那么，为什么会出现上述情况呢？这样做是否是最恰当的方式呢？不能说我们没有重视孩子的生涯规划，只是我们在规划孩子的人生时，更多地融入了父母的意愿，很少顾及孩子内心真实的想法。

1952年7月4日清晨，加利福尼亚海岸笼罩在浓雾中。在海岸以西21英里的卡塔林纳岛上，一个34岁的女人涉水进入太平洋中，开始向加州海岸游去。要是成功了，她就是第一个游过这个海峡的妇女。这名妇女叫费罗伦丝·查德威克。在此之前，她是从英法两边海岸游过英吉利海峡的第一个妇女。

那天早晨，海水冻得她身体发麻，雾很大，她连护送她的船都几乎看不到。时间一个钟头一个钟头过去，千千万万人在电视上注视着她。有几次，鲨鱼靠近了她，被人开枪吓跑了。她仍然在游。在以往这类渡海游泳中她的最大问题不是疲劳，而是刺骨的水温。

15个钟头之后，她被冰冷的海水冻得浑身发麻。她知道自己不能再游了，就叫人拉她上船。她的母亲和教练在另一条船上。他们都告诉她海岸很近了，叫她不要放弃。但她朝加州海岸望去，除了浓雾什么也看不到。

几十分钟之后——从她出发算起15个钟头零55分钟之后——人们把她拉上了船。又过了几个钟头，她渐渐觉得暖和多了，这时却开始感到失败的打击。

她不假思索地对记者说："说实在的，我不是为自己找借口。如果当时我看见陆地，也许我能坚持下来。"人们拉她上船的地点，离加州海岸只有半英里！后来她说，真正令她半途而废的不是疲劳，也不是寒冷，而是因为她在浓雾中看不到目标。

人需要看见目标，才能鼓足干劲完成她有能力完成的任务。因此，当你规划自己的成功时千万别低估了制定可测目标的重要性。

如今，对孩子进行生涯规划越来越受到人们的重视。专家们也普遍认为，个体的成长从小到大是一个连续的过程，因此父母对孩子的生涯辅导应从儿童时代就开始。生涯规划强调应该从小帮助孩子了解自己、认识他人和世界。这样，他们在人生的道路上就会更有目标，从而少走很多弯路。

做父母的都期望孩子拥有成功的人生，但是光有期望是不够的，父母应该帮助孩子学会规划和经营自己的生涯。

在人类个体早期发展过程中，存在着获得某些能力或学会某些行为的关键时刻。在这些时刻里，个体时刻地处在积极的准备和接受状态。在这个年龄段发展各种智力、能力，成效最大。如果在这个阶段对孩子实施某种教育，可以收到事半功倍的效果，而一旦错过了这个年龄段，再进行这种教育，效果就明显差多了。

美国心理学家杰明·布鲁姆通过研究认为：若以一个人在他17岁时所达到的智力为100%的话，如果发育正常，那么他4岁时就已达到50%，到8岁时就达到80%，从8岁到17岁只获得20%的发展。这表明多数关键期都在童年和幼儿时期，而这一时期多在家长的教育之下，可见家庭教育对人的作用有多么大。

国内外近半个世纪有关研究表明：6个月是婴儿学习咀嚼的关键期；8个月是分辨大小、多少的关键期；2至3岁是教孩子怎样做到有规矩的关键期；3岁是计算能力发展的关键期（指数和点数，按要求取物品及说出个数等）；3至5岁是音乐才能发展的关期键（拉提琴3岁开始，弹钢琴5岁开始）；4至5岁是学习书面语言的关键期；3至8岁是学习外国语的关键期；3岁是培养独立性的关键期；4岁以前是形成形象视觉发展的关键期；5至6岁是掌握词汇的关键期；7至10岁是孩子行为由注重后果过渡到注重动机的关键期；幼儿阶段是观察力发展的关键期；小学一二年级是学习习惯培养的关键期；小学三四年级是纪律分化的关键期；初二、高二是逻辑思维发展的关键期；小学阶段是记忆力发展的关键期，是记忆的黄金时代；初中阶段是意义记忆的关键期；良好行为习惯培养的关键期是幼儿阶段和小学阶段，初中为辅助，关键是小学一二年级，它是建立常规、培养良好的学习习惯的最关键时期；孩子年龄小的时候具有很强的可塑性，因而培养各种良好习惯最容易见效。因此，养成教育中极为重要的一个环节就是抓住"关键期"，对孩子的未来发展奠定基础。

最理想的职业方面的人生规划，应该是我们从学校毕业之时就开始进行了的。毫无疑问，我们将选择那份有助于我们实现人生目标的职业。不过，父母应该提前帮助孩子了解不同职业的性质和特点，有助于将来孩子考虑其人生和职业规划中的具体细节，合理选择自己的职业。职业是一个工具，是帮助我们实现人生目标的工具。

职业的选择就是父母和孩子都应该着重考虑的问题。父母和孩子在选择职业和专业时往往会发生争执。家长认为自己阅历丰富，有生活实践经验，思路宽，讲实用；而孩子则更多地考虑是否符合自己的兴趣，能否发挥出我的特长和优势，进而实现我的远大理想。家长和孩子应坦诚交流、坐下来好好沟通。家长应放下架子，不能强迫孩子按照自己的模式生活，尽量尊重孩子的意见。

父母与孩子沟通经常会遇到困难。孩子有时不理睬我们，有时给我们吃"闭门羹"，而我们不知道如何作答。因此，专家提出如下忠告：学会倾听孩子的讲述，不要打断他，在回答之前应让孩子讲完。向孩子表明你听他讲了些什么。看着孩子的眼睛，并坐在他的旁边。选择与孩子谈话的适当机会。集中精力倾听，并努力设身处地考虑问题，避免说教。不要马上表明你的意见或判断。要帮助孩子让他自己进行思考。不要开始就问："今天你怎样？"应该说得更具体些，并想到此刻对孩子来说非常重要。不要问："你怎么了？"应该表明你真的感兴趣，对孩子说："你看上去很……（悲伤或失望）。"不要对孩子说："我要是你的话……"应该说："我理解你当时是很困难的。"并等待孩子征求你的意见和建议。不要说："我认为你应该……"应该让孩子表明自己的意见："你对这件事有什么看法？"大多数儿童和未成年人愿意表达他们的意见，并希望成年人能听取他们的意见。不要对孩子说："我像你这么大时……"应帮助他自己解决问题。应该问他："你觉得自己可以解决这个问题吗？"

当今信息时代，职业分工越来越细，专业性越来越强。做父母的还得帮助孩子分析、判断、选择，当孩子与你有意见分歧时，你也别急、别恼，应晓之以理，平等相待，究竟谁对谁错还很难说，你可别小看了孩子，有时孩子们更有远见。谁说的有理，就按谁的办。还有一点可别忘了，应从百忙之中，抽出一天时间，带孩子去做个职业测评，让专业人士帮助出谋划策，和孩子坐下来，一起分析、研究、探讨。这需要家长：

1. 了解孩子，避免孩子过度自信，急于成功。这些孩子心理上缺乏自我肯定，对自己的能力、水平往往不能够客观评价，总希望自己有所作为，年纪轻轻就想功成名就。在选择职业时，唯大、唯名、唯热点，并自告奋勇要求负责超过自己能力负荷的工作，误认为这样才是自己人生价值的体现，才是成功。然而，现实情况却与这种职业选择心理存在着较大的反差：一是热门行业人员供求反差过大，录用率相对较低，而对人员素质要求相对较高，致使工作起来力不从心；二是"热门"愈热，"冷门"愈冷，为产业结构的调整增加了障碍，也使更多人难于合理就业，造成职业定位不准确。所以，家长在帮助孩子进行职业定位时，应当把眼光放远些，要培养脚踏实地的精神，制订提升孩子自身能力的计划，不能过于自信，不能盲目追求成功。

2. 家长要避免孩子忽视客观需要，强调主观兴趣。一般来说以自己的兴趣、爱好确定职业并非不可，但是不能把兴趣、爱好奉为绝对化的择业信条，那样往往就会使自己不由自主地陷入择业误区。寻找二者的最佳结合点进行职业生涯规划，这样才可能少走些弯路。

3. 家长要避免孩子缺乏自信，满足现状。现在的孩子虽然聪明、有能力，但是缺乏自信心，刚刚走上工作岗位，总担心自己各方面都不成熟，怕不能胜任工作，特别是在遇到晋升机会时，更是担心。另外，他们容易满足现状，总觉得目前的职位已经很好，或者再低一点儿可能更合适。这种自我破坏与自我限制的行为，有时虽然是无意识的，但这种无意识的行为常常会形成心理暗示，从而影响自身和生涯规划的实施。

为人父母可以适当协助孩子规划人生，但一定不要刻意地去为孩子规划所有的一切，虽然父母有教育指导子女成长的义务，可是人生的路还是要孩子自己走，过多的干预只能让自己身心疲惫。

——新浪网友孤岛少女

超越自卑，要给青春设防

拥有创造精神

那些被新的自由所激励的孩子，清楚地看见了自己面前能达成其雄心之路。他们的心中此刻充满了新的构想和新的计划。创造性的生活犹如箭上了弦，刀出了鞘，对人类各方面活动的兴趣都变得鲜明而炙热。

——阿德勒《理解人性》

从创新学角度看："当每一个人都有相同想法时，每个人都错了。"

当我们执著于"人云亦云"，习惯于旧有的思考模式而无法逃脱，走不出一条新路时，何不换个角度来看，为自己的惯性思考加以创意？

大航海家哥伦布发现美洲后回到英国，女王为他摆宴庆功。

酒席上，许多王公大臣、名流绅士都瞧不起这个没有爵位的人，纷纷出言相讽。

"没什么了不起，我出去航海，一样会发现新大陆。"

"只要朝一个方向航行，就会有重大发现！"

"驾驶帆船，太容易了！女王不应给他这样高的奖赏。"

这时，哥伦布从桌上拿起一个鸡蛋，笑着问大家："各位尊贵的先生，哪位能把这个鸡蛋立起来？"

于是一些自以为能力超群的人物纷纷开始立那个鸡蛋，但左立右立，站着立坐着立，想尽了办法，也立不住椭圆形的鸡蛋。

"我们立不起来，你也一定立不起来！"大家把目光盯住哥伦布。

哥伦布拿起鸡蛋，"砰"的一声往桌上磕了一下，大头破了，鸡蛋牢牢地立在桌子上。

众人嚷道："这谁不会呀！这太简单了！"

哥伦布微笑着说："是的，这很简单，但在这之前你们为什么想不到呢？"

有许多事情看上去很简单，但发现的过程却是复杂和艰辛的。我们要善于在"司空见惯"中去发现简单中的不简单，寻常中的非常，混乱中的规律，你才会有与众不同的建树。

在古希腊，有这样一个"戈迪阿斯之结"的故事。

外地人来到朱庇特神庙，都被引导去看戈迪阿斯王的牛车，每个人都惊叹戈迪阿斯王把牛轭系在车辕上的技巧。

"只有了不起的人才能打出这样的结来。"有人这样说。

"你说得对，"庙里的神使说，"但是要解开这结的人，必须是更了不起的。"

"那是因为什么呢？"参拜的人问。

"因为能解开这个奇妙结子的人，将把全世界变成自己的王国。"神使回答说。

自此以后，每年都有很多人来解这个结，可是绳头总是看不到，他们甚至不知从何下手。

几百年之后，来了一位年轻国王，名叫亚历山大。

他征服了整个希腊，曾率兵打败了波斯国王。亚历山大仔细察看了这个结，他也找不到绳头，可是，他举起剑来一砍，把绳子砍成了很多段，牛轭就落到地上了。

"整个世界属于我。"他说。

中国有一句俗语，叫作"快刀斩乱麻"。用最简单的方法去解决最复杂的问题，有的时候也是最有效的方法。

20世纪40年代，美国流传着一个小针孔造就百万富翁的故事。

美国许多制糖公司把方糖运往南美洲时，都会因方糖在海运途中受潮造成巨大损失。这些公司花了很多钱请专家研究，却一直未能尽如人愿。

而一个在轮船上工作的工人却用最简单的方法解决了问题：在方糖包装盒的一角戳个通气孔，这样，方糖就不会在海上运输时受潮了。

这种方法使各制糖公司减少了几千万美元的损失，而且简直不花成本。这个工人专利意识十分强，他马上为该方法申请了专利保护。后来，他把这个专利卖给各个制糖公司，成了百万富翁。

上面这个点子又启发了一个日本人，这个日本人想：钻孔的方法可用于其他许多方面，不光是方糖包装盒。

他研究了许多东西，最终发现：在打火机的火芯盖上钻个小孔，能够大量延长油的使用时间。他凭着这个专利也发了财。

每个人心中都关着一个等待被释放的精灵。你有无限潜力来表达自己的想法，只可惜大部分的人只使用了极少的潜力。当你越懂得如何运用自己的潜力，就越能唤醒创意精灵自由飞舞，就会"行到水穷处，坐看云起时"。

在"无序视角"的支配下，头脑打破了各种各样的规则，因而使得整个思维过程和思维结果，都处于一片混沌状态。其中有一些创意萌芽，而这些萌芽往往显得很可笑，乃至很愚蠢。其实，最愚蠢的想法当中，往往包含着着聪明的内核。仔细想想一位哲人说过的话吧："只有最愚蠢的老鼠，才会藏在猫的耳朵里；但是，只有最聪明的猫，才会想到搜寻自己的耳朵。"

有次电台请了一位商界奇才做嘉宾主持，大家都非常希望能听他谈一谈成功之道。但他只是淡淡一笑，说："出道题考考你们吧。"

"某地发现了金矿，人们一窝蜂地拥去，然而一条大河挡住了必经之道，是你，会怎么办？"

有人说绕道走，有人说游过去。但他却微笑不语。很久，他说："为什么非得去淘金，为什么不买一条船开展营运？"大家愕然，他却说，那样的情况下，即使把渡客们宰得只剩下一条短裤，他们也会心甘情愿。因为前面有金矿啊！思维枷锁的一个重要表现就是"从众枷锁"。"从众"就是服从众人，顺从大伙儿，随大流。在"从众枷锁"的指导下，别人怎样做，我也怎样做。

思维的"从众枷锁"是怎样产生的呢？人类是一种群居性的动物，喜欢一群人待在一起。这个"群"小到数十人（原始人的部落），大到数亿人（现代的国家）。从理论上讲，孤独的个人并非无法生存下去，像卢梭所设想的"高尚的野蛮人"那样，但是在现实中却极少有这种事例。

为了维持群体的稳定性，就必然要求群体内的个体保持某种程度的一致性。这种"一致性"首先表现在实践行为方面，其次表现在感情和态度方面，最终表现在思想和价值观方面。

然而实际情况是：个人与个人之间不可能完全一致，也不可能长久一致。一旦群体发生了不一致，那怎么办呢？在维持群体不破裂的前提下，可以有两种选择，一是整个群体服从某一权威，与权威保持一致；二是群体中的少数人服从多数人，与多数人保持一致。

本来"个人服从群体，少数服从多数"的准则只是一个行为上的准则，是为了维持群体的稳定性的，然而，这个准则不久便产生了"泛化"，超出个人行动的领域而成为普遍的社会实践原则和个人的思维原则。于是，思维领域中的"从众枷锁"便逐渐形成了。

有一家效益相当好的大公司，为扩大经营规模，决定高薪招聘营销主管。广告一打出来，报名者云集。

面对众多应聘者，招聘工作的负责人说："相马不如赛马，为了能选拔出高素质的人才，我们出一道实践性的试题：就是想办法把木梳尽量多的卖给和尚。"绝大多数应聘者感到困惑不解，甚至愤怒：出家人要木梳何用？这不明摆着拿人开涮吗？于是纷纷拂袖而去，最后只剩下3个应聘者：甲、乙和丙。

负责人交代："以10日为限，届时向我汇报销售成果。"10日到。

负责人问甲："卖出多少把？"答："1把。""怎么卖的？"甲讲述了历尽的辛苦，游说和尚应当买把梳子，无甚效果，还惨遭和尚的责骂，好在下山途中遇到一个小和尚一边晒太阳，一边使劲挠着头皮。甲灵机一动，递上木梳，小和尚用后满心欢喜，于是买下一把。

负责人问乙："卖出多少把？"答："10把。""怎么卖的？"乙说他去了一座名山古寺，由于山高风大，进香者的头发都被吹乱了，他找到寺院的主持说："蓬头垢面是对佛的不敬。应在每座庙的香案前放把木梳，供善男信女梳理鬓发。"主持采纳了他的建议。那山有10座庙，于是买下了10把木梳。

负责人问丙："卖出多少把？"答："1000把。"负责人惊问："怎么卖的？"丙说他到一个颇具盛名、香火极旺的深山宝刹，朝圣者、施主络绎不绝。丙对主持说："凡来进香参观者，多有一颗虔诚之心，宝刹应有所回赠，以做纪念，保佑其平安吉祥，鼓励其多做善事。我有一批木梳，您的书法超群，可刻上'积善梳'3个字，便可做赠品。"主持大喜，立即买下1000把木梳。得到"积善梳"的施主和香客也很是高兴，一传十、十传百，朝圣者更多，香火更旺。

把木梳卖给和尚，听起来真有些匪夷所思，但不同的思维，不同的推销术，却有不同的结果。在别人认为不可能的地方开发出新的市场来，那才是真正的营销高手。

星期天，妈妈对正在津津有味看动画片的儿子说："你去帮我买瓶醋来！"

儿子往外走，妈妈想了想，又叫住他说："千万记好了，一定要买醋，不要买成酱油。我们家的酱油还很多呢。"过了一会儿，儿子回来了，妈妈看了气得几乎说不出话来，原来，儿子真的是买了一瓶酱油。

妈妈说："我不是让你买醋吗，我还提醒你了，不要买成酱油，我们家的酱油还很多呢。"

儿子委屈地说："就是因为你让我不要买成酱油，所以我满脑子里都是在想买醋，买醋，不要买成酱油，酱油，酱油……最后我真的以为是买酱油了。"

如果妈妈直接说去买醋，而不说酱油，那么，儿子就不可能会买错了。

有一个老人，非常喜欢留大胡子，花白的胡子足有一尺长。有一天，老人在门口溜达，邻居家5岁的小孩儿问他："老爷爷，你这么长的胡子，晚上睡觉的时候，是把它放在被子里面呢还是放在被子外面的？"

老人竟一时答不上来。

晚上睡觉的时候，老人突然想起小孩子问他的话。他先把胡子放在被子外面，感觉很不舒服；他又把胡子拿到被子里面，仍然觉得很难受。

就这样，老人一会儿把胡子拿出来，一会儿又把胡子放进去，整整一个晚上，他始终想不出来，过去睡觉的时候，胡子是怎么放的。

第二天天刚亮，老人去敲邻居家的门。

正好是小孩子来开门，老人生气地说："都怪你这小孩，让我一晚上没睡成觉！"

胡子放在被子里还是被子外？有必要考虑这么多吗？人们往往把一些简单的问题复杂化，庸人自扰。

一代魔术大师胡汀尼有一手绝活，他能在极短的时间内打开无论多么复杂的锁，从未失手。

他曾为自己定下一个富有挑战性的目标：要在60分钟之内，从任何锁中挣脱出来，条件是让他穿着特制的衣服进去，并且不能有人在旁边观看。

有一个英国小镇的居民，决定向伟大的胡汀尼挑战。

他们打制了一个特别坚固的铁牢，配上一把看上去非常复杂的锁，请胡汀尼来看看能否从铁牢里出去。

胡汀尼接受了这个挑战。他穿上特制的衣服，走进铁牢中，牢门"哐啷"一声关上了，大家遵守规则转过身去不看他工作。

胡汀尼从衣服中取出自己特制的工具，开始工作。30分钟过去了，胡汀尼用耳朵紧贴着锁，专心地工作着。45分钟……1个小时过去了，他用耳朵紧贴着锁，胡汀尼头上开始冒汗。最后2个小时过去了，胡汀尼始终听不到期待中的锁簧弹开的声音。

他精疲力竭地靠着门坐下来，结果牢门却顺势而开。

原来，牢门根本没有上锁，那把看似很厉害的锁只是个样子。

小镇居民成功地"捉弄"了这位逃生专家。

人生的败局往往在复杂之中，本来一件简单的事，几经反复，却变得复杂起来。把复杂的问题简单化，是聪明人的做法；把简单的问题复杂化，是愚蠢人的做法。

有位科学家曾做过这样一个试验：

把几只蜜蜂放在瓶口敞开的瓶子里，侧放瓶子，瓶底向光，蜜蜂会一次又一次地飞向瓶底，企图飞近光源。它们绝不会反其道而行，试试另一个方向。因为瓶中对它们来说是一种全新的情况，是它们的生理结构始料未及的情况。因此，它们无法适应改变之后的环境。

这位科学家又做了一次试验，这次瓶子里不放蜜蜂，改放几只苍蝇。瓶身侧放，瓶底向光。不到几分钟，所有的苍蝇都飞出去了。它们多方尝试——向上、向下、面光、背光。它们常会一头撞上玻璃，但最后总会振翅飞向瓶颈，飞出瓶口。

然后，科学家解释这个现象说："横冲直撞要比坐以待毙高明得多。"

在解决问题时，我们可以换一个角度或换一个方向，会收到意想不到的结果。如果只是一味地钻牛角尖，只能是"撞了南墙还不回头"。

某管理专家对一群商学院的学生发表演讲。他说："我们来做个小测验。"专家拿出一个一加仑的广口瓶放在桌子上，随后他取出一堆拳头大小的石块，把它们一块一块地放进瓶子里，直到石块高出瓶口再也放不下了，他问："瓶子满了没有？"所有的学生都应道："满了。"他反问："真的？"说着他从桌下取出一桶砾石，倒了一些进去，并敲击玻璃壁使砾石填满石块间的间隙。"现在瓶子满了吗？"这一次学生有些明白了，"可能还没有。""很好！"他伸手从桌下又拿出一桶沙子，把它慢慢倒进玻璃瓶，沙子填满了石块的所有间隙。他又一次问学生："满了吗？""没满。"学生们大声说。然后，专家拿过一壶水倒进玻璃瓶直到水面与瓶口齐平。他望着学生问道："这个例子说明了什么？"一个学生举手发言："它告诉我们：无论你的时间表多么紧凑，如果你真的再加把劲，你还可以干更多的事！"专家说："那还不是它的寓意所在。这个例子告诉我们：如果你不先把大石块放进瓶子里，那么你就再也无法把它们放进去了。那么，什么是你生命中的'大石块'呢？你的信仰、学说、梦想，或是和我一样，传道、授业、解惑。切切记住先去处理这些'大石块'，否则，你就终生错过了。"

美国的希尔顿曾经举过这样一个例子。一块普通的钢板只值5美元，如果把这块钢板制成马蹄掌，它就值10.5美元，如果做成钢针，就值3550.8美元，如果把它做成手表的摆针，价值就可以攀升到25万美元。

这个世界上最值钱的东西是什么？是智慧。

许多人都在瞪大眼睛寻找财富，他们不放过世界的每一个角落，寻寻觅觅辛辛苦苦一辈子，最后却落于平淡。

财富的真正获得不是通过实物的买卖得来的，而是用智慧换来的。成功的人，能让他掌握的每一件东西变成财富，只要换一个角度，换一种眼光来看待。

著名诗人爱默生说了一句哲理性的名言："一个人的样子就是他整天所想的那个样子，他不可能是别种样子！"

的确，一个人的思想影响了他的长相，决定了他的一切。只要我们知道他在想什么，就知道他是怎样的一个人。我们的生存方式，完全决定于我们的思想。如果我们想的都是伤感的事情，我们就会悲伤；如果我们想到的都是一些可怕的情况，我们就会害怕；如果我们想到的都是失败，我们就会失败；如果我们沉浸在自怜里，大家都会有意躲开我们……为了改变我们的生存方式，增加我们的生存资本，我们就要突破思维，换一种思考方式，去创造，去变革。

一个民族最危险的是墨守成规，不敢变革；一个人最糟糕的是安于现状，不求进取。要打造生存的资本，就必须破除知足常乐的旧观念。所谓"知足常乐"，就是满足自己的眼前所得，保持自己的安乐。这种处世态度，并不只是指日常生活不奢求，而是一种保守的生存哲学。

知足者的知足，不论是夜郎自大还是甘居中游，它不仅违背事物发展的规律性，而且也不符合人类自身进步的内在要求。事物是不断变化发展的，人生也总得有所发现、有所创造，永不满足地积极进取，自强不息。在学习、劳动和工作中，永不满足于已有的成绩，总是看到不足，以成绩为起点，向着更高的目标积极进取，就会不断取得新的成就，在日新月异的进步中得到快乐和幸福。生活的经验证明："乐"不在于"知足"，而在于"不知足"；知足者常忧，不知足者常乐，这才是生存的哲理。

"知足常乐"这种处世哲学所追求的快乐，是个人"知足"之乐，这样的知足一旦得不到，就会产生对生活的不满、对别人的妒忌，甚至对人生失望。因为这种追求和满足的只是一个"自我"，如果这个"自我"不能满足，那么仅有的一点快乐就会转化为痛苦。

当然，指出"知足常乐"的生存哲学的狭隘和片面之处，并不是说任何情况下都不能讲知足。知足还是不知足，要看具体情况。一方面，"知足"也可以使我们在今昔对比之后，更加珍惜今天的进步和幸福，防止因物质享乐欲望的不知足而贪婪、堕落。但是，绝不能离开自强、进步谈知足。对于"不知足"也要作具体分析，并不是任何"不知足"都是可取的。那种好高骛远、贪得无厌的不知足，同消极的自私的知足一样，也会破坏正常的生活秩序。

"有志者，事竟成"，这是创造性思考的根本，而传统的观念，比如"知足常乐"则是创造性成功计划的头号敌人。传统的观念会阻碍你的进步，阻碍你进一步发挥你所真正需要的创造性。以下是对抗传统观念的方法，希望能对你有所启示：

第一，乐于接受各种创意。要抛弃"不行"、"办不到"、"没有用"等思想沉渣。

第二，要有实验精神。废除固定的例行事务，去尝试新的书籍、新的网站，结交新的朋友，或是采取和从前不同的上班路线，或过一个与往年不同的假期等等。

第三，勤于思考。对每件事都要研究如何改善，对每件事都要定出更高的标准。在历史上，一直有这种观点，认为人的左手和右手具有不同的分工，右手与推理、秩序、逻辑、数学和法律等有关，左手则与想象、情感、美感、幽默、艺术等有关；右手代表工具、规律和成就，左手代表直觉、想象和潜意识。

这种传统观念已经得到了现代科学的证据，脑科学告诉我们，控制右手的大脑左半球，其主管范围是：语言、听觉、参与分析推理；而控制左手的大脑右半球，其主管是范围是：综合思维、对音乐、艺术和美学鉴赏等。

在日常生活中我们能够发现，某些人在思维过程中跨度很大，能够海阔天空地联想；而有些人则缺少应有思维广度，只能在一个问题的圈子中绕来绕去，思路总是打不开。从创新的角度来说，思维的广度是必不可少的。在许多场合下，把思维广度扩展一下，便会引出一连串的创意。这就需要发散式思维。

以前，有两个很要好的朋友张生和李生去京城游玩。到了京城后，张生在客店里看书，李生便来到熙熙攘攘的大街上闲逛，忽然他看到路边有老妇人在卖一只玩具猫。

他好奇地走上去，那老妇人说，这只玩具猫是她们家的祖传宝物。因为家里儿子病重，无钱医治，才不得已要将此猫卖掉。李生随意地用手拿起猫，发现猫身很重，似乎是用黑铁铸就的，然而，聪明的李生一眼便发现，那一对猫眼是用珍珠做成的，他为自己的发现狂喜不已，他问老妇人："这只猫要卖多少钱？"

老妇人说，因为要为儿子医病，所以三两银子便卖。

李生说，那么我就出一两银子买你的两只猫眼吧。老妇人在心里合计了一下，认为也比较合适，就答应了，李生欣喜若狂地跑回旅店。笑着对正在埋头看书的张生说：我只花了一两银子竟然买下了两颗大珍珠，真是不可思议。张生发现这两个猫眼的的确确是罕见的大珍珠，便问李生是怎么回事。李生便把他买猫眼的事情讲给他听，听见李生的话，张生眼睛亮了一下，急切地问："那位老妇人现在在何处？"张生立即放下手中的书，跑到街上，按照李生所讲的地址，找到了那位卖猫的老妇人。他说："我要买你这只猫。"老妇人说："猫眼已经被别人先行买去了，如果你要买，就出二两银子便可以了。"

张生付了银子，把猫买了回来。李生见后，嘲笑他道："兄弟呀，你怎么能花二两银子去买这个没眼珠的猫呢？"

张生却沉默着坐下来把这只铁猫翻过来翻过去地看，最后，他向店家借了一把小刀，用小刀刮铁猫的一个脚，当黑色脱落后，露出的是黄灿灿的黄金，他高兴地大叫道："李生兄你看，果不出我所料，这猫是纯金的啊！"

我们可以设想，当年铸这只猫的主人，一定怕金身暴露，便将猫身用黑色漆了一遍，就如同一只铁猫一般了。此时，见此情景，李生后悔不迭。

张生笑道："你虽然能发现猫眼是珍珠的，但你却缺乏一种思绪的联想，分析和判断事情还不全面，你应该好好想一想，猫眼既然是珍珠做成的，那么猫的全身会是不值钱的黑铁所铸吗？"

由此，我们可以看到思维联想的重要性，"举一反三"将会对个人的发展、事业的发展产生多么大的影响啊！创造性思维是人脑思维活动的高级层次，是智慧的升华，是人脑智力发展的高级表现形态。

有一个推销员，他以能够卖出任何东西而出名。他已经卖给过牙医一副假牙，卖给过面包师一个面包，卖给过瞎子一台电视机。但他的朋友对他说："只有卖给马鹿一个防毒面具，你才算是一个优秀的推销员。"

于是，这位推销员不远千里来到北方，那里是一片只有马鹿居住的森林。"您好！"他对遇到的第一只马鹿说："您一定需要一个防毒面具。"

"这里的空气这样清新，我要它干什么！"马鹿说。

"现在每个人都有一个防毒面具。"

"真遗憾，可我并不需要。"

"您稍候，"推销员说，"您已经需要一个了。"说着他便开始在马鹿居住的林地中央建造一座工厂。"你真是发疯了！"他的朋友说。"不然，我只是想卖给马鹿一个防毒面具。"

当工厂建成后，许多有毒的废气从大烟囱中滚滚而来，过了不久，马鹿就来到推销员处对他说："现在我需要一个防毒面具了。"

"这正是我想的。"推销员说着便卖给了马鹿一个。"真是个好东西啊！"推销员兴奋地说。

马鹿说："别的马鹿现在也需要防毒面具，你还有吗？"

"你真走运，我还有成千上万个。"

"可是你的工厂里生产什么呢？"马鹿好奇地问。

"防毒面具。"推销员兴奋而又简洁地回答。

可见，需求有时候是制造出来的，解决矛盾的高手往往会先制造出矛盾来，这也是发散思维的妙用。

随着全球化的发展，对经营者的素质要求越来越高，尤其是对人的观察力、想象力、创造力等思维能力提出了更高的要求。市场上激烈的商品竞争，实际上是人才的竞争和思维能力的竞争，只有充分发挥人的聪明才智和创造能力，才能使企业保持领先的地位，永远立于不败之地。丰田汽车为何能够长盛不衰？丰田人说过："好产品，好主意就是丰田汽车高质量的秘密。"多年来，丰田公司一直把"好产品、好主意"作为企业管理的座右铭。

倘若经营者缺乏这种应有的经营眼光和智慧，"闻得鸡好卖，连夜磨得鸭嘴尖"，一哄而上，硬往一条道上挤；开发新产品，不考虑市场占有率有多大，各种层次的消费者各占多大比例，发展前景如何；因循守旧，安于现状，缺乏创新意识，等等。这就是缺乏经营谋略的表现。

成功的企业家往往在那些有利可图而又无人涉足的空白领域兴起，往往在与传统的经营思维模式根本不同的境界上思考，往往在风险大但效益高的市场中搏杀，往往是敢于提出"不怕做不到只怕想不到"的经营观念，这恰恰是其有"志"而又有"智"的过人之处。

中松义郎，是日本著名的发明大王，堪称是当今最大，也最有钱的发明大王，他已有两千多项专利了。中松博士有两座工作室，一座叫"静室"也叫石屋，另一座叫"动屋"。在构思新创意时，他就到"静屋"去，一边听音乐，一边进入"心灵远足"的状态，不久新创意就会喷发而出，接着再到"动屋"去，把刚才的创意付诸实施。中松先生每天早上8时上班，一直到深夜4时才入睡。他认为夜深人静时正是"心灵远足"的好时光，也是创意爆发的时刻。

有一位德国的哲学家，名叫莱布尼茨。据说他曾给当时的国王讲哲学。莱布尼茨说："世界上没有两片完全相同的树叶。"国王不相信，就让宫女们到后花园去找"两片完全相同的树叶"。结果不用说，宫女们折腾半天，一个个空手而回。别看一片小小的树叶，如果细细考究起来，它所具有的属性同样是无穷多的：长短、宽窄、厚薄、色彩的浓淡、边缘的锯齿形状、中间的脉络走向……其中的每一种属性都可以再细分出许许多多种。要想找出两片树叶，其各自无穷多的属性完全吻合，显然是办不裂的。树叶是这样，每一种事物是这样，每一种现实问题也都是这样。然而我们的思维经常受到各种因素的约束，对同一种事物和现象只能够看到它的一种或少数几种属性，并且以此为满足。

一个建筑公司的经理忽然收到一份购买两只小白鼠的账单，不由好生奇怪。

一问才知道，原来这两只老鼠是他的一个部下买的。

他把那部下叫来，问他为什么买两只小白鼠。

部下答道："上星期我们公司去修的那所房子，要安装新电线。我们要把电线穿过一个10米长，但直径只有2.5厘米的管道，而且管道是砌在砖石里，并且弯了4个弯。我们当中谁也想不出怎么让电线穿过去，最后我想了一个好主意。我到一个商店买来两只小白鼠，一公一母。然后我把一根线绑在公鼠身上并把它放到管子的一端。另一名工作人员则把那只母鼠放到管子的另一端，逗它'吱吱'叫。公鼠听到母鼠的叫声，便沿着管子跑去救它。公鼠沿着管子跑，身后的那根线也被拖着跑。我把电线拴在线上，小公鼠就拉着线和电线跑过了整个管道。"

没有创新的思维是盲目的，老人讲，"从古至今就没有人这样办"，有人讲，"前面根本就没路"，等等定论，阻碍了我们去发现、去创造。

有一位创新学家曾经说："一个人运用创新思维的次数，与运用后受到奖励的次数成正比；与运用后受到惩罚的次数成反比。在某种社会条件下，人们习惯于鼓励和奖赏创新思维；而在另外一些社会条件下，人们则习惯于压制并惩罚创新思维。因此，同样是人类的头脑，有时候有的人创新如涌泉，而另一些时候另一些人则僵呆像木瓜。由此可见，创新思维并不仅仅是一种个人的头脑行为，还要受到外界社会条件的制约。"

不要以为正确就是正确，规律就是规律，任何规律都有例外，当你沉迷于规律之中时，也许你正被排除在成功之外。

　　我们常常习惯于传统的思维方式，按照众人流行的思维定律去思考，走着别人走过的路，干着别人干过的事，要知道社会进步是靠创新来推动的。勇于走进"禁区"，你会采撷到丰硕的果实，打破条条框框的束缚，勇为天下先，才是创新者的风貌。

　　　　　　　　　　　　　　　　　　——腾讯网友半夏锦年

增强自己的自信心

当孩子对未来的信心被剥夺了，他就会从现实中退缩，转而在生活中无益和无用的方面追求一种补偿。

——阿德勒《儿童的人格教育》

克服自卑必须借着不同的方式去达成，交友就是对抗自卑的方式之一，占有的感觉会侵蚀自卑，因为被他人接受可以恢复信心。如果你的自卑感已到了非常严重的地步，那么无论如何，你必须借着与心理医生商谈来寻求治疗，严重感到自卑的人很需要安全感，去克服他们对治疗的恐惧。

除非你是个严重被虐者，不然你应该可以自己排除自卑。接下来的训练将帮助你突破自卑的障碍，开始与他人建立关系。此外选择阅读能够帮助建立自信心的文章，也有同样的作用。一旦障碍突破，治疗的过程就得到动力，当你开始用欣赏尊重的角度看自己时，这一切就会自然而然地发生。

自卑感不会自己消失，但它会因积极的情绪而被排除掉，例如人的尊严与自重或者借着对自我的成就感而排除自卑。目前你的首要工作就是了解对自己感到骄傲是件好事，那并不代表自负，谦逊有其必要性，但不是自我屈辱。

每个人皆有其可傲之处，可是我们都把这些优点视为理所当然，而把注意力放在那些一定会有的短处上，从一方面来说，这是促使我们日以继夜前进的动力，可以促使我们达到目标，去实现、成长；但从另一方面来说，这往往使我们忽略我们今日的成就和那些已经完成与学习到的一切事物。你可能有要存100万的目标，如果到目前为止，你存到50万，你或许会告诉自己你是个输家；因为你尚未存到你理想中的数目，但你也可以告诉自己"太好了，我已经存了一半，如果我再存另一半，我就可以达到我的目标了。"你不再恐惧，不再顾忌什么，自卑自然就会被你赶走。

当自卑感始于早期的孩提时期时，逃避就很容易变成一种生活的方式。逃避的心态造成这个孩子缺乏社交经验；没有社交经验就无法学习社交技巧；没有社交技巧，做事就不可能成功，这鼓励了逃避心态，而形成一种恶性循环。这种循环最大的杀伤力在于持续地使人无法和他人更亲密，就算建立起某种关系，也只是表面的。

当你将自己缩起来不和他人接触时，你要如何拥有归属感呢？如果你是个自卑感很重的人，你就无法刻意让自己为了友谊而接近从前，即使短期内可能会成功，但是你无法持续这种行为。要克服孤独，你首先必须要冲破自卑感的樊篱。

自我驳斥或自我责难的态度和消极的自我对话一样，都会强化你的自卑感。像下列的那种评断，就是有自卑感的人们会产生的反射思想。

我永远不会做对事情。

没有人喜欢我是理所当然的。

我又笨又迟缓。

有谁会愿意听我说的话？

就像类似的非逻辑思考会加深恐惧一样，这种自我打击的思考模式导致了自我厌恶，最后还会造成自我摧残的行为。如果一个人有这种自我毁灭的想法，那他怎么会成功呢？不该自卑，更不该强化你的自卑。

有一些世界名人，如达·芬奇、拿破仑、罗斯福等，据说这些人都有一些生理的缺陷或生理上的不足，幼年都有严重的自卑感，可成年以后，他们的自卑感形成的上进心使他们获得了特殊的能力，造就了事业的成功。

最典型的例子就日本前首相田中角荣，幼时是一位口吃患者，可后来的他竟成为世界上著名的政治家、社会活动家、演说家。

看来一个人的自卑感可以通过补偿来得到矫正。

你的长相一般，这是无法改变的事实，不过你可以通过学习，用超于一般人的能力来补偿你的先天不足。

你的社交能力确实不行，况且你生活及工作的环境又确实没有社交机会，你可以通过学习诸如书法、雕刻、绘画、武术、摄影、雕塑、收藏等，获得他人所不及的能力。

社交能力确实影响未来能力的发挥，你可以将改变人际关系、提高社交能力作为突破口。可以增加知识面以改变社交中的话题内容；可以在现有经济基础上修饰一下自己以改善社交中的"风度"；可以在不影响日常生活的前提下，有意给自己创造社交条件……你自感英语水平差，使你对整个学习失去兴趣时，可以有意通过多读、多听、多写、多说来提高英语水平。人的能力是可以通过行为来提高的。

古人云："三百六十行，行行出状元。"有这样一则寓言：一只乌鸦看到鱼鹰潇洒地掠过海面进行捕食后，心里非常仰慕，决心模仿它，结果第一次模仿便一头扎进了水里，非但没捕到鱼，反而淹死了。的确，乌鸦仿效鱼鹰而被淹死是可悲的，也是愚蠢的。而鱼鹰不能发现自己捕鱼的本领，同样也是可悲的、愚蠢的。每个人都有自己的优势面，学会了扬长避短，便已成功了一半，真可谓通天大道九千九百九十九。

我们应该感谢上苍，他把我们放在地球上，但他并不负责完成我们，他让我们自己去填充自己，他也没有给我们划出路标，指出方向。路，是人自己走出来的！

人经常是矛盾的，往往一方面感到自己具有相当的才能，而同时又觉得自己在某方面存在缺陷。

我们认为自己之所以有缺陷，是因为我们的表现无法让他们满意，无法得到他人的肯定或认同，因此产生自卑的想法。

一旦走不出自卑的阴影，我们便以"责怪"来求取解决，但这往往加深我们的失望，使我们不敢面对自身的状况。

事情有消极面，也会有积极面。它的差别在于我们想不想改变，只要我们有改变的意愿和决心，并且拥有改变所需要的技巧与方法，必然能改变我们的现状。

有个害羞、内向的年轻人，在一家杂志社当广告AE（广告业的客户执行或称客户主任），因为有听觉障碍而不得不戴助听器。最初他认为戴助听器会带来工作上的阻碍，对自己很没有信心。

后来，他从失败中吸取教训，终于想出一个策略：当有人向他说"不"时，他就佯装没听见，等对方给他肯定的答复时，他马上作出已经由助听器得到信息的表情。

自从他发现自己的缺陷竟然有利于自己时，简直就像脱胎换骨一样。原来自卑的心理早已消失无踪，现在的他是一个精明能干的广告AE，非常有决断能力。

自卑与自信仅是一线之隔，如果你不能克服自卑，它将会充溢你的身体，打击你的信心，使你无法忍受而走上自毁之路。

美国有位长得很矮的男士，他总是叫自己"矮子查理"，后来有位专家跟他说这种习惯会比他的实际身高更对自己不利，他起初还半信半疑，但是纠正了几个月后，他不再叫自己是"矮子查理"，就开始不再为他的身高担心，而且活得更加愉快。

不要自认有缺陷而攻击自己，应该想办法把缺陷忘掉，或者把缺陷变为优点。

化逆境为顺境，并非是遥不可及的神话，重点在于你必须作出建设性的改变。美国作家乔·亚历山大提出两个要点：

一、它需要时间与决心。

二、你必须深信自己有能力作出新的决定，并将之付诸实践。

你可以改变自己的现状，但你必须用心去做。美国马尔腾博士认为，假使你在某种品性或机能上有缺陷或弱点，可以经常把你的思想集中在那里。思想常常集中在那个地方，那一部分的脑细胞会渐渐地转强、渐渐地发达。怀着积极、乐观、坚信的思想，会使我们的精神机能加强；反之，怀疑与缺乏自信的思想，会使之转弱。

例如你有主意不坚定与优柔寡断的毛病，只要常常抱着一种坚决的态度，常常将自己想成敏捷、聪明、果断的人，不要以为自己是弱者，慢慢就能克服自身的缺陷。

所以，当你发现自己有缺陷时，不必害怕，也不要逃避，而是设法利用它，坚定地迈向成功之路。

你才是自身生活的支配者，你可以自行决定你的生活是由自己支配或由他人支配。

相信很多人都会有疑问："我真的可以成功吗？"

不错，每个人都想成功，但犹豫不决的性格却使我们退却，抑制自己不敢迈向成功之路。

想知道你有没有抑制自己吗？美国作家乔治·威伯格提出六个现象，可以判断你是否抑制自己：

一、一再地逃避很想做的事。

二、自我意识极强。

三、总觉得自己很不幸。

四、过分在乎四周的环境。

五、总觉得身体妨碍你行事。

六、觉得自己的所作所为都没有真实感。

不可否认，每个人内心都会有害怕的想法，但与其害怕失败而不敢去做，不如实际去做了再说，至少比不做更有机会。

美国亿万富翁伯纳·巴尔科，在实业界是出名的内向者，他为什么能克服羞怯而致富，因为他有这样的信念："对真正的勤奋者而言，美国是充满机会的国家……"

问题在于你是否有发财的决心，因此他又向意志不坚定的畏缩者建议："只要尽心做好分内的事即可。"

不要担心会不会失败，如果你习惯抑制自己，就会变得什么事都不敢去做，就算幸运降临你身上，你也会白白让它错过。

好比说你有口吃，认为好像有人会笑你，但你也要勇敢说出来，虽然内心忍不住会责备自己，但做不做还是由你自己决定。不要放弃任何你想做的事，即使你觉得自己不如别人，或者根本不可能有机会，你还是得坚持下去，尤其不该半途而废，因为中途停止只会使你觉得自己更无能。

美国第二代移民安松尼·阿司特，年轻时曾在纽约街上靠着帮行人擦皮鞋为生。那时候，还不会说流利的英文的他，擦鞋工夫既高明又迅速，虽然他一贫如洗，却以他的工作为荣。即使三餐不继，他也不以贫穷为苦，虽然个性内向羞怯，有时不免自怨自艾，然而从未听到他喊穷而怨天尤人。

以擦鞋工作为荣的他，凭着无比的毅力，奇迹般地以鞋油开创了自己的事业，至今他所出品的"克丽斯汀"牌鞋油，仍然畅销全球。

不要轻视自己，如果连你都瞧不起自己，如何获得别人的肯定。何况天下没有白吃的午餐，不努力永远不可能有收获。

有句话说："别人能做得到，你一定可以做得到。"事实证明，很多人曾成功地使自己摆脱了失败、困顿或其他恐惧，原因是他们真正去做了，终因能发挥潜能而过着成功的生活。

你羡慕别人的成就吗？你渴望自己的成功吗？光是羡慕或渴望都无济于事，最重要的是付诸行动，马上去做。

你的未来掌握在你的手上，不是靠别人给予。所以，你必须要有意愿，乐于对你自己的前途负责，毕竟别人给你的帮助有限。

多说不如多做，用实际行动证明一切，你的辛苦付出自然也会给你回报，否则只有羡慕的份儿而已。

> 没有信心的人经常眼神呆滞，愁眉苦脸。而雄心勃勃的人，则眼睛总是闪闪发亮，满面春风。
>
> ——新浪网友厌倦敷衍

重视合理的友谊

> 培养友谊是阻止青春期的孩子出现许多问题的最好方法之一。
>
> ——阿德勒《阿德勒的智慧》

友谊是心灵的沟通，情感的交流；是无私的关怀，可贵的信任；是正直的忠告，热情的鼓励。友谊是对理想的共同追求，是前进征途上的精诚合作，是困难之途上的相互支持，是人生道路上的神圣承诺。

友谊是世界上最珍贵的东西。历史上多少动人的知音故事，成为了千古流传的佳话。

春秋时代，管仲与鲍叔牙之间的友谊堪称典范，流传千古。两人曾合伙做买卖，管仲家里穷，拿不出多少本钱来，鲍叔牙也不在乎；如果买卖赚了钱，管仲要多取一倍，鲍叔牙也心甘情愿。因为他知道管仲不是贪财，而是穷得急等钱用。他俩一起打仗，冲锋时，管仲在后，鲍叔牙在前；败退时，管仲在前，鲍叔牙在后。别人都说管仲是胆小鬼，但鲍叔牙却为他辩护说：管仲在家中是个独生子，家里还有一个老母亲，需要他奉养，他可不是胆小，他是个做大事的人。管仲曾感慨地说："生我者父母，知我者鲍叔牙！"后来，管仲因为错保公子纠并且一箭射中齐桓公。齐桓公夺得王位后，鲍叔牙在齐桓公面前力保管仲，并推荐管仲当了齐国宰相。到了管仲病重，临死时，齐桓公到病榻前询问谁可继任为宰相，管仲并没有推荐鲍叔牙，而且说，鲍叔牙为人贤良，但过于嫉恶如仇，不能胜任宰相。后来一些小人把这话传给鲍叔牙，本来是要挑拨管仲与鲍叔牙之间的关系，没想到鲍叔牙说："管仲说得对，如果让我当宰相，我首先把你们这些小人杀干净。"

像管仲与鲍叔牙之间的友谊的基础不是利害关系，不是互相利用互相吹捧，而是真心相助，不图回报。人生得一这样的知己，真是没有白活。

莫逆之交，指彼此心志相通，情投意合的朋友。管仲和鲍叔牙就是这样的莫逆之交。《庄子·大宗师》："三人相视而笑，莫逆于心，遂相与友。"人之相识，贵在相逢，人之相知贵在知心。所谓知心，就是要知道朋友的理想追求、道德品质、思想作风、兴趣爱好。友情是可贵的，心志相通，情投意合，会使我们的生活充满阳光，会使我们同心同德，为了共同的人生目标去奋斗。

有句话说得好："幸福并不取决于权力和容貌，而是取决于你怎样与周围人的相处。"你想做个幸福、快乐、成功的人吗？那么就从善待他人开始吧！

与人为善说起来简单，做起来却不是件容易的事，它包含的内容很广泛。如：关心他人，当朋友遇到困难的时候主动伸出友谊之手；尊重他人，不去探究他人的隐私，不在背后议论他人，善于和别人沟通、交流，善于和那些与自己兴趣、性格不同的人交往；承认别人的价值，负起自己该负的责任……我们可以给善待他人下这样一个定义，善待他人最重要的原则就是"己所不欲，勿施于人"。凡事要从对方的角度来考虑，遵从这个原则，你将获得许多好朋友、好伙伴。

人际交往不单单是行动上做出来的，更是从心底里"流"出来的。在人际交往中要以诚待人，用"心"和他人交流。有的人非常渴望友谊，但他们却不肯向对方敞开自己的心扉。

合作是当代社会常讲到的话题，说合作必须是真诚为基础的。你只有真诚对待别人，对方才会与你真诚合作。真诚是一种习惯，善待他人也是一种习惯。请记住这句话：善待他人也就是善待自己！

关于善待他人习惯的养成，这里可以提供一些建议。

1. 自信的态度

自信的人不随波逐流、唯唯诺诺，他们有自己的想法与处世风格，很少对别人吼叫、谩骂，甚至连争辩都极为罕见。他们对自己了解得相当清楚，并且肯定自己，自信的人容易赢得别人的认同，也容易培养自己关怀周围的人或事的作风。

2. 体谅他人的行为

这其中包括"体谅对方"与"表达自我"两方面。所谓体谅是指设身处地为别人着想，并且体会对方的感受与需要。在经营"人事"的过程中，我们要体谅和关心他人，设身处地为对方着想。

3. 善用询问与倾听

询问与倾听的行为，是用来控制自己的方法，让自己不要为了维护权利而侵犯他人。通过询问的方式可以引出对方真正的想法，了解对方的立场以及对方的需求、愿望、意见与感受，通过倾听既可以诱导对方发表意见，也可以让对方感到自己在尊重他，尊重他的说话，进而对自己产生好感。一位优秀的沟通高手，绝对善于询问以及积极倾听他人的意见与感受。

在日常生活中，人们往往视对方为"敌人"，还常常提醒自己，他是我的竞争对手，也就是我们的敌人！只要他成功了，我就会被打败！因此要提高警惕，不要对他有半点好心。

对现代人而言，随时随地都会遇到这样的"敌人"，如政敌、商敌、情敌、棋敌、考敌等。其实，既然同样是人，为什么要为自己设下那么多的敌人？为什么要那么怀恨别人？这种朝朝暮暮与人为敌的人，终有一天会变成冷酷无情的人。

在人际交往中，什么人都得有所接触，是对手又怎么了！对手也一样能和你坦诚相处，真心交流。只要你能放下那种狭隘的看法，用一种欣赏的目光去看清他，你就会发现，对方其实并非想象中的那样，他有许多东西值得你去学习和借鉴。

为了避免产生这种现象，我们应该尽量欣赏对方的成就，体谅对方，而不是播下仇恨的种子。

多年前的一场NBA决赛中，NBA中的一位新秀皮蓬独得33分，超过乔丹3分，成为公牛队比赛得分首次超过乔丹的球员。比赛结束后，乔丹与皮蓬紧紧拥抱着，两人泪光闪闪。这里有一个乔丹和皮蓬之间鲜为人知的故事。当年乔丹在公牛队时，皮蓬是公牛队最有希望超越乔丹的新秀。他时常流露出一种对乔丹不屑一顾的神情，还经常说乔丹某方面不如自己，自己一定会把乔丹推倒一类的话。

但乔丹没有把皮蓬当做潜在的对手而排挤他，反而对皮蓬处处加以鼓励。有一次乔丹对皮蓬说："我俩的三分球谁投得好？"

皮蓬有点心不在焉地回答："你明知故问什么，当然是你。"因为那时乔丹的三分球成功率是28.6%，而皮蓬是26.4%。

但乔丹微笑着纠正："不，是你！你投三分球的动作规范、自然，很有天赋，以后一定会投得更好，而我投三分球还有很多弱点。"并且还对他说："我扣篮多用右手，习惯地用左手帮一下，而你，左右都行。"这一细节连皮蓬自己都不知道。他深深地为乔丹的无私所感动。

从那以后，皮蓬和乔丹成了最好的朋友，皮蓬也成了公牛队17场比赛得分首次超过乔丹的球员。

而乔丹这种无私的品质则为公牛队注入了难以击破的凝聚力，从而使公牛队创造了一个又一个的神话。

乔丹与皮蓬的故事告诉我们，在现实生活中，对自己的对手、敌人、对立面，与其怨恨报复、对抗、无味的搅局，倒不如谨慎地、不卑不亢地先求助于对方，以此博取对方的好感而消弭以往的情绪和芥蒂更为有利。

用仇恨的眼光看待对手，不但不能解决问题，还会把自己搞得疲惫。与其如此，还不如用一颗友善的心去欣赏对手。欣赏对手，你就会得到意外的收获，不但使对手变成朋友，而且还能取得对手的信任和帮助。一举多得，何乐而不为呢？

闲言碎语是一柄无比锋利的剑，但这剑多用于搬弄是非、挑拨离间之用，这方面任何文字都比不上它厉害，但假如你认清它的真相，无疑它是最无力的一种语言。

面对闲言碎语除了要能够决断，有所担当，还要求你能独立，保持内心的自由。如果你无法独立，任何忠告都是徒然，你只能卑躬曲膝地服从大众的意愿。

若想正确判断闲言闲语，还在于你要能够忠于自己。如果你追寻自己的信仰，如果你按照自己所知的真理去努力，就没有人能够为难你，除此之外，再也没有所谓的忠实以及幸福。

如果你想免于流言的困扰，还必须对这些拨弄是非的人加以裁判，他们关心的全是一些次要琐事，他们关心新娘的白纱长度有没有差错，却并不关心新娘是否爱她所嫁的人。同时，你应该看到，喜欢道人长短的人，他们自己的心态也都有问题，当一个人心存邪恶时，就很容易看到别人的错误。所以，责备你的人，才是真正需要责备的人，他的谴责正是内心邪恶的表现。

诸葛亮要出兵伐魏，深怕南蛮乘虚而入，于是决计先将孟获收服，擒他7次，放他7次。恩威并用，才做到了"南人不复反矣"的效果。

人人都有自尊心，人人都有好胜心，若要联络感情，应处处重视对方的自尊心，而要重视对方的自尊心，必须抑制你自己的好胜心，成全对方的好胜心。但是一味地退让又会让对手误认为你的真实本领不够。这就要你把握欲擒故纵的度了。

现实生活中，要知道该进则进，该退则退，给对手让出空间，也给自己让出空间，空间大了你与对手的关系也就更有回旋的余地了。化敌为友也就成为可能。

生活的环境好像一个大染缸，会将形形色色的人同化其中，而亲近什么样的人与疏远什么样的人会形成不同的结果。"蓬生麻中，不扶而直；白沙在涅，与之俱黑。"意思是：蓬草虽然散乱，但是生长在笔直的麻中，也能随之笔直地向上生长；白色的沙子放在黑泥中，会一同变成了黑色。一个人如果处于修心重德、正气的环境中，亲近有仁德有修养的贤士，那么通过耳濡目染，言传身教，就会自觉地约束自己的行为，使自己不断地成长进步。相反，一个人如果处于道德颓废、弄虚作假的环境中，与自私奸诈的小人为伍，他也会受到身边消极观念的影响，使其正邪不分，随波逐流。可见，良好的人文环境对人的成长是十分重要的。农家的孩子早识犁，兵家的孩子舞刀枪，秀才的孩子弄文墨。于是孟母三迁，择良邻而居，才使孟子能够专心读书，最后成为伟大的思想家。

玫瑰园中的泥土，会散发出一种非常芬芳的香味。在什么样的环境中成长，和什么样的人相处，久而久之，就会有相同的"味道"。

"人创造环境，同样，环境也创造人。"我们要主动走进修心重德的环境，靠近仁德的贤士，"居必择邻，游必就士"；更要自我期勉，将来也能够为别人营造这样的一个环境。

战国时期，孟子来到宋国，发现宋王左右少贤臣，于是打算离开宋国到别的地方去。宋国大臣戴不胜挽留孟子，并说到打算把一个叫薛居州的贤士荐于宋王。孟子就此事对戴不胜说："如果有一位楚国的大夫，希望他的儿子学会说齐国话，是找齐国的人来教他好呢？还是找楚国的人来教他好？"戴不胜说："当然是找齐国人来教他好。"

孟子说："如果一个齐国人来教他，却有许多楚国人在他周围用楚国话来干扰他。即使你每天鞭打他，要求他说齐国话，那也是不可能的。反之，如果把他带到齐国去，住在齐国的某个街市比方说名叫庄岳的地方，在那里生活几年，那么，即使你每天鞭打他，要求他说楚国话，那也是不可能的了。你说薛居州是个好人，要他住在王宫中。如果在王宫中的人，无论年龄大小还是地位高低都是像薛居州那样的好人，那君王和谁去做坏事呢？相反，如果在王宫中的人，无论年龄大小还是地位高低都不是像薛居州那样的好人，那君王又和谁去做好事呢？单单一个薛居州能把宋王怎么样呢？"

孟子用"近朱者赤，近墨者黑"的道理说明周围环境对人的重要性。所谓"昔孟母，择邻处"，"孟母三迁"不就是为了找一个周围环境好的地方以利于孩子的教育和成长吗？孟子从小就受到这方面的熏陶，早有切身体会了，所以说得非常在理而又生动形象。

管宁和华歆曾经是非常要好的朋友，他们整天形影不离、互助互敬。有一天，两个人一起在田间锄草，都顾不得休息。突然，管宁一锄下去，碰到了一个硬东西，仔细一看，原来是黄澄澄的一块金子。管宁不为所动，没有理会那块金子，而是继续锄草，但是华歆却扔下锄头，跑过来拾起金子捧在手里，啧啧地称叹。管宁见状，一边干活，一边提醒华歆说："钱财应该靠自己的劳动去获得，而不应该贪图不劳而获的财富，这样才是一个有道德的人啊。"华歆虽然嘴里说着"我也明白这个道理"，但是眼睛始终不离金子，最后实在受不了管宁谴责的目光，才恋恋不舍地把金子放下，但是干活的时候却心神不宁，唉声叹气。管宁摇摇头，非常失望。

又有一次，管宁和华歆正坐在一张席子上聚精会神地读书，忽然听到外面一片鼓乐鸣锣之声，人们吵吵嚷嚷很是热闹，原来是一位达官贵人乘车经过。管宁不以为然，继续读书，对外面的嘈杂声充耳不闻。然而华歆却被这种热闹豪华的排场深深吸引住了，他甚至嫌站在窗前观看不过瘾，竟然扔下了书本，急急忙忙跑到街上看热闹。

管宁对华歆的所作所为感到非常痛心和失望，等到华歆回来之后，管宁用刀子把席子从中间割成两半，痛心而坚定地对华歆说："我们两人的志向和情趣实在是不同，从今日起，我们就像这被割开的草席一样，再也不是朋友了。"

管宁"割席断交"的做法看上去似乎有些决绝，但是孔子说："工欲善其事，必先利其器。居是邦也，事其大夫之贤者，友其士之仁者。"朋友应该结交那些真正有道德有修养的人，这样才能促进自己的进步与成长，才不至于毁了自己的德行。

我们人生的很大一部分时间是在朋友的陪伴下度过的，可以说选择什么样的朋友，也就选择了什么样的生活情趣。很多人因为与道德败坏的小人为友而误入歧途，而很多人正是因为与君子为朋才提升了自己。朋友也是我们的老师，选择什么样的老师就要接受什么样的教育。而高尚的教育和卑劣的教育对我们的一生都会有很深远的影响。

> 友情和亲情、爱情一样，是一种抽象的、令人捉摸不透的东西，但却要比它们更值得我们去珍惜。
>
> ——搜狐网友空城旧梦